北大社·“十四五”普通高等教育本科规划教材
高等院校机械类专业“互联网+”创新规划教材
北方民族大学先进装备制造现代产业学院规划教材

机械测控系统实训指导书

主　编　张东利　高　阳
副主编　丁少虎　巩　鑫
　　　　代　宗　王　涛

内 容 简 介

本书是机械测控系统实训的实践指导用书，具有较强的针对性和实用性。学生在学习“工程测试技术与信息处理”课程的基础上，通过测控系统综合实训，能够掌握机械工程领域常见工程量的测试方法和技术，围绕测试对象综合运用所学的测试理论与技术，完成设计测试方案、搭建测试系统、对信号进行采集与分析等，提高实训基本技能。

本书包含了教学实训、创新拓展、工程应用三个模块，从基础到综合，从理论到实践，引导读者由浅入深地学习，不仅展示了实训的具体操作，而且带领读者进入工程应用的大门。本书配套资料有电子教材及实训视频教程，确保学生能看会学懂，保证将实训效果落实到位。目前国内尚无同类实训教程出版，本书将填补当前实训课程教材缺少的空白。

本书对于工程技术人员和工科专业大学生具有重要且实用的价值。通过实践操作，读者能够掌握相关技能，提升解决实际问题的能力，为未来的工程实践和技术创新奠定坚实的基础。本书面向新工科专业的发展需求而编制，可作为高等学校机械设计制造及其自动化、机械电子工程及近机械类专业的实验实训教学用书，也可作为企业生产技术人员的参考用书。

图书在版编目（CIP）数据

机械测控系统实训指导书 / 张东利，高阳主编. 北京：北京大学出版社，2024. 12. --(高等院校机械类专业“互联网+”创新规划教材). -- ISBN 978-7-301-35834-4

Ⅰ. TP273

中国国家版本馆 CIP 数据核字第 2025GU0596 号

书　　名　机械测控系统实训指导书
　　　　　　JIXIE CEKONG XITONG SHIXUN ZHIDAOSHU
著作责任者　张东利　高　阳　主编
策 划 编 辑　童君鑫
责 任 编 辑　关　英
数 字 编 辑　蒙俞材
标 准 书 号　ISBN 978-7-301-35834-4
出 版 发 行　北京大学出版社
地　　址　北京市海淀区成府路 205 号　100871
网　　址　http://www.pup.cn　新浪微博：@北京大学出版社
电 子 邮 箱　编辑部 pup6@pup.cn　总编室 zpup@pup.cn
电　　话　邮购部 010-62752015　发行部 010-62750672　编辑部 010-62750667
印 刷 者　三河市北燕印装有限公司
经 销 者　新华书店
　　　　　　787 毫米×1092 毫米　16 开本　11.25 印张　274 千字
　　　　　　2024 年 12 月第 1 版　2024 年 12 月第 1 次印刷
定　　价　39.80 元

前　　言

在全球面临新一轮科技革命和产业变革的大背景下，中国正处于经济结构转型升级的关键时期。2023 年 9 月，习近平总书记首次提出了“新质生产力”的概念。“新质生产力”通常是指在新的技术革命和社会变革背景下出现的能够显著提高社会生产效率和经济效益的一种生产力形式。北方民族大学先进装备制造现代产业学院正是根据新质生产力的需求而设立的，以便更好地对接产业需求，培养适应新兴产业发展的复合型人才。先进装备制造现代产业学院是新质生产力发展的一个重要支撑点，通过加强对学生创新能力的培养，鼓励学生参与科研项目，提高学生的实践能力和解决复杂问题的能力；通过对跨学科知识的整合与教育，强化产学研合作，推动科技成果向现实生产力转化。

北方民族大学先进装备制造现代产业学院秉承“理工融合，以理强工、以工促理”的建设理念，坚持“育人为本、产业为要、产教融合、创新发展”的原则，以自治区先进装备制造产业转型升级和高质量发展急需为牵引，构建产教融合、科教融合、校企行政多方共赢的一体化新型育人平台，培养先进装备制造与智能铸造产业高素质应用型紧缺人才。

本书是北方民族大学先进装备制造现代产业学院的系列教材之一，是先进装备制造现代产业学院教学理念在“机械测控系统实训”课程教学实践中的总结和升华，也是高校和企业产教融合的实践结晶。秉承产教融合的教学理念，借由本书，我们不仅完成了大学生“机械测控系统实训”课程的基本实训任务，而且在此基础上作了进一步的扩展和加深，把测控实训的内容扩展到本科生毕业设计和大学生创新实践方面，并通过企业实践把实训和学生就业联系起来，努力在高校和企业之间架起一座畅通的桥梁。

全书可分为四部分，涵盖了机械测控系统的基础知识、实训指导、创新拓展和工程应用等方面的内容。本书的特色之处在于不仅提供了详细的实训步骤和操作指南，还融入了编者对教学实践的教学经验及企业工程师的实际应用心得。“机械测控系统实训”是“工程测试技术与信息处理”课程的配套实践课程。学生通过实训，不仅能够加深对测试技术基本知识的理解，掌握机械工程领域常见工程量的测试方法和技术，提高测试技术的基本技能和动手能力，还能学会综合运用这些基础知识解决实际工程复杂问题，系统地完成一个测试任务的测试方案设计、测试系统搭建、信号采集、信号分析等各测试环节的实验任务。

本书在附录部分提供了 AI 伴学内容及提示词，引导学生利用生成式人工智能工具（如 DeepSeek、Kimi、豆包、通义千问、文心一言、ChatGPT 等）来进行拓展学习。

《机械测控系统实训指导书》旨在填补现有教育体系中实训教材缺乏的空白，为高校学生和工程技术人员提供系统、全面且实用的实训指导。本书不仅适用于高等学校相关专业的实验教学，还可作为企业生产技术人员的参考用书。本书为学生和工程师架起了从理论到实践的桥梁，使他们能够在真实环境中检验和提升自己的技能。我们期望本书能成为学生和工程师探索机械测控系统奥秘的灯塔，激发他们的创新思维，培养他们的实践能力，在技术革新、产业发展和推动新工科教育方面发挥重要作用。

最后，我们衷心感谢所有参与本书编撰、审阅及提供支持的同人。在本书的编写过程中，我们参阅了江苏东华测试技术股份有限公司的设备说明书等技术资料，在此一并表示感谢。

由于编者水平有限，书中难免有不妥之处，敬请广大读者批评指正。

编　者

2024 年 12 月

【资源索引】

目　　录

第1章 绪论

1.1 实训课程介绍

1. 课程内容介绍

“机械测试技术与信息处理”是一门集机械工程、电子技术、信息技术于一体的综合性课程。该课程的主要内容包括测试技术的基本理论、各类传感器的工作原理与应用、信号分析与处理技术、测试系统的设计与实现等。该课程的教学目标在于培养学生掌握机械测试技术的基本原理和方法，能够运用现代信息技术对测试数据进行有效的采集、分析与处理，从而具备解决实际工程问题的能力。

“机械测控技术实训”是“机械测试技术与信息处理”课程的实训环节，是一门侧重实践操作的课程，旨在使学生通过实际操作掌握机械测控技术的基本原理和应用技能。该课程内容通常包括机械测控系统的理论基础、传感器的选择与使用、信号处理技术、测试系统的设计与搭建、具体的实训项目操作等。

“机械测控技术实训”课程的主要内容概括如下：首先，介绍机械测控系统的概念、重要性及基本组成；其次，详细讲解常用传感器的工作原理及其在机械测控中的应用，并给出正确选择和使用传感器的原则；再次，通过具体的实训项目举例使学生掌握实验平台的搭建、传感器的选用和安装、信号的采集和后处理等测试与控制技术；最后，对实训项目进行拓展，将其进一步深化至本科生毕业设计和大学生创新实践中，介绍基于有限元仿真的振动测试理论分析、模态分析及其在实际工程中的应用，并给出相应的具体案例。通过理论和工程应用拓展，实践教学将提高至理论层面，使学生不仅知其然，而且知其所以然，使学生初步具备一定的理论研究能力，为学生今后的发展奠定良好的基础。

“机械测控技术实训”课程的教学目标主要是培养学生具备以下能力：一是掌握机械测控技术的基本理论知识，理解测控系统的组成及其工作原理；二是学会正确选择和使用传感器，并能设计简单的测控系统；三是能够熟练操作测控设备，进行数据采集与处理，并能够分析测试结果；四是通过实践操作，增强解决实际工程问题的能力；五是培养学生的团队协作精神和创新能力，使其能够在未来的工程实践中发挥更大的作用。通过这门课程的学习，学生不仅能够将理论联系实际，提高动手能力和实际操作水平，还能为后续的专业学习和将来的职业发展打下坚实的基础。

本书基于以上教学目标编撰而成，旨在为机械工程领域的大学生提供全面且实用的机械测控系统实训指南。全书包含教学实训、创新拓展和工程应用三大模块，讲解基本概念、实际操作和前沿测试技术等内容。教学实训模块是本科实践教学的基本内容；创新拓展模块和工程应用模块是实训课程的进一步深化，也是基本教学内容的进一步深化，可用于本科生的毕业设计、大学生创新及初步的科学研究等方面。

第 1 章是绪论，主要介绍机械测控系统实训课程的整体框架，详细阐述实训课程的课程内容、教学基本要求及安全注意事项等。

第 2 章和第 3 章属于教学实训模块，着重讲解机械测控系统实训的具体实施操作。第 2 章讲解振动测量系统的组成、测振传感器的工作原理及传感器的选用原则；第 3 章是本书的核心内容，包含三个实训项目，分别是机械结构固有模态分析、机械转子实验台的振动测试分析及基于项目为导向的综合测控实训，每个实训项目由多个相关联的实验构成。

第 4 章和第 5 章属于创新拓展模块，第 4 章通过引入基于 ANSYS 的振动测试理论分析，从理论上验证振动测试的实验结果，引导大学生初步接触理论和实验相结合的科学研究方法；第 5 章提供两个具有代表性的创新拓展案例，展示理论和实验相结合的研究方法在实际问题的实践和应用。

第 6 章属于工程应用模块，介绍模态分析理论，并通过多个工程实际案例展示模态分析理论在故障诊断、声学和噪声控制、结构动力学研究、桥梁和建筑物、汽车工业等领域中的应用。

为了便于读者进一步掌握实训技能，编者根据教学实践编制实际应用的习题，并针对具体的实训项目和实操技巧录制相应的辅助教学视频。

2. 课程目标

针对机械工程及其自动化专业的特点，配合“机械测试技术与信息处理”课程的教学内容，“机械测控技术实训”课程开设了“机械转子实验台的振动和噪声测试及分析”和“机械结构固有模态分析”两个基本实训项目。学生通过实训能够加深对机械测试技术基本知识的理解；掌握机械工程领域常见工程量的测试方法和技术；提高测试技术的基本技能和动手能力；围绕测试对象综合运用所学的测试理论与技术，系统地完成一个测试任务的测试方案设计、测试系统组成（搭建）、信号采集、信号分析等各测试环节的实验任务，培养系统概念、综合分析与解决问题的能力；能够构建实验系统，安全地进行实验；能够正确采集、整理和分析实验数据，对结果进行解释，并通过信息综合得到合理的结论。

具体的课程目标如下。

（1）掌握测试系统的组成、搭建、调试及进行测试分析的方法，能够根据实训课程要求设计具体的实验方案。

（2）掌握涡流传感器、压电式加速度传感器、力锤等的基本原理及选取原则；掌握数据采集分析仪、DHDAS控制分析软件的调试方法及使用方法。

（3）以小组为单位，协调配合完成实训平台的搭建、测试及数据分析工作。

1.2 实训课程要求

1. 教学要求

测控实训项目是高等教育工程技术类专业课程的重要组成部分，旨在通过实践操作加深学生对测控理论的理解，培养其动手能力和解决实际问题的技能。以下是测控实训项目教学的总体要求。

(1) 理论与实践相结合。测控实训项目应紧密围绕课程理论知识点展开，确保学生能够将抽象的理论知识转化为具体的实践技能，使学生在实践中巩固理论知识。

(2) 技能培养。测控实训项目应注重技能培养，包括但不限于测量技术、传感器应用、数据采集与处理、系统调试与维护等，使学生掌握各类测控设备的使用，熟悉各种测量方法，具备独立设计简单测控系统的能力。

(3) 创新思维。鼓励学生在实训中发挥创新思维，通过设计、优化或改进项目，探索新的测控技术和方法。测控实训项目应为学生提供创新空间，如引入最新的测控技术或采用创新的实验设计解决实际工程中的难题。

(4) 团队沟通与合作。测控实训项目通常需要团队协作完成，因此应强调团队合作的重要性。学生应学会分工合作，有效沟通，共同解决问题。项目汇报或展示环节应强化团队成员之间的交流与配合，提升团队协作能力。

(5) 安全意识与规范操作。学生在实训中必须严格遵守实验室安全规定，确保人身安全和设备安全。学生应接受安全培训，了解并掌握正确的操作规程，养成良好的实验习惯，如穿戴适当的防护装备、正确使用实验设备、妥善处理实验废弃物等。

(6) 项目报告与成果展示。完成测控实训项目后，学生应提交详细的项目报告，包括项目背景、实验设计、数据记录、结果分析、结论与建议等。此外，学生应通过口头汇报、海报展示等形式，分享项目成果，以达到锻炼表达能力和培养专业素养的目的。

(7) 反思与总结。测控实训项目结束后，学生应进行自我反思，总结经验教训，评估个人技能，明确未来学习和职业发展的方向。教师应提供反馈，指出学生在实训过程中的亮点与不足，帮助学生持续成长。

按上述要求完成测控实训项目，不仅能够提升学生的专业技能，还能培养其创新思维、团队协作和安全意识，为学生将来步入职场或继续深造奠定坚实的基础。测控实训项目应被视为连接理论与实践的桥梁，是工程技术教育中不可或缺的一环。

振动台基本实训要求和转子台基本实训要求分别见表1-1和表1-2。

表1-1 振动台基本实训要求

序号	实训名称	要求
1	搭建振动台测试系统及仪器调试	掌握振动台的搭建步骤、方法及工作原理； 掌握常用传感器及测量仪器的使用方法

续表

序号	实训名称	要求
2	锤击法简支梁模态测试	学习锤击法模态分析原理； 掌握锤击法模态测试及分析方法
3	锤击法两端固定梁模态测试	学习锤击法模态分析原理； 掌握锤击法模态测试及分析方法
4	悬臂梁模态测试	熟悉模态分析原理和测试方法； 掌握悬臂梁的测试过程
5	附加质量对系统频率的影响	用频率响应函数法确定简支梁的各阶固有频率； 确定附加不同质量后简支梁的各阶固有频率； 分析不同附加质量条件下各阶固有频率的变化趋势； 揭示附加质量与系统固有频率之间的内在联系

表 1-2　转子台基本实训要求

序号	实训名称	要求
1	搭建转子台测试系统及仪器调试	掌握转子台的搭建步骤、方法及工作原理； 掌握常用传感器及测量仪器的使用方法
2	转轴的径向振动测量	掌握涡流传感器的安装方法； 熟悉仪器及软件的操作方法； 观察转子台在转动时转轴所产生的径向振动时域波形图
3	旋转机械振动相位的检测	掌握相位的定义、检测和显示方法
4	转子临界转速的测量	掌握转子在不平衡质量激励下瞬态过程中的动态特性、转子临界转速的概念及转子在临界转速的动力特征； 学习波特图、极坐标图等分析工具的使用方法，并将其应用于旋转机械的故障检测和诊断中
5	转子级联图、瀑布图的显示	掌握转子级联图、瀑布图的定义及区别； 了解三维谱图在旋转机械故障诊断及状态监测中的作用

2. 基本实训指导

本项目为转子台振动测试分析及机械结构模态分析实训。在实验前应分配好工作小组，分别负责实验系统的搭建、设备及传感器的使用、软件操作、实验测试、设备整理及数据后处理等。

（1）实验系统的搭建。

按要求安装测试系统，连接各仪器，在拆卸传感器及附加质量块的过程中要注意人身安全及设备安全，不带电操作。

在整个测试系统安装、连接完成后，再接通电源，打开计算机及数据采集电源开关，完成参数设置等工作后再进行数据采集和数据后处理等工作。

实验完成后，先关闭数据采集等设备开关，再切断系统电源；只有断开电源后，才能拆卸传感器等器件。

（2）设备及传感器的使用。

各工作小组在开始实验前，要认真阅读实训指导书，了解各实验设备的工作原理及测试方法，并熟悉仪器、传感器及测试软件的使用方法。

（3）软件操作。

各工作小组要选出1～2人，学习转子台及振动台软件的操作方法及信号的处理方法。

（4）实验测试。

在进行实验时，各工作小组成员之间要相互配合，分工合作，在指导教师的指导下进行实验。在实验过程中，尤其要注意人身安全及设备安全，有问题要及时向指导教师汇报。

（5）设备整理及数据后处理。

实验结束后，要切断设备电源，将测量器具归纳整齐，指导教师确认后，方可离开。

3. 安全注意事项

安全注意事项如下。

（1）通电前仔细检查各活动机械部分（如激振器、偏心振动电动机等）的连接情况，确保所有螺栓、卡扣等紧固无误，避免激振或旋转。

（2）确保传感器、信号源、激振器等连线正确，以及各仪器正常工作。注意压电式加速度传感器的正确取放方法，勿使传感器和梁产生碰撞而导致损坏。

（3）检查各仪器电源线是否插紧插好，各仪器是否可靠接地，以防触电。

（4）调压器应放置于桌面宽敞处，尽可能远离其他仪器，并且在使用时只有经检查无误后才能通电，通电前须仔细检查偏心振动电动机的偏心轮是否紧固，调压器与电动机连线、接地是否可靠，使用完毕应立即断电。为保证人身安全，转子台控制器上的电动机转速不可超过1900r/min。

（5）当激振器和偏心振动电动机工作时，禁止用手或其他物品触碰激振器顶杆和偏心轮，以免受伤或物品飞落。

（6）在所有仪器设备工作过程中，如果发现异常，则应立即断电，并请专业人员检查维修。

习　　题

一、判断题

1－1　判断以下关于实训安全注意事项正确与否。

(1) 要确保激振器、偏心振动电动机等连接紧固无误，避免激振或旋转。 (　　)

(2) 带磁吸座的压电式加速度传感器不怕振动，可以直接从横梁上拿起放下。(　　)

(3) 只要确保各仪器电源线插紧插好就可以，仪器接地不接地没关系。 (　　)

(4) 电动机转速不超过 2900r/min。 (　　)

(5) 当激振器和偏心振动电动机工作时，禁止触碰顶杆和偏心轮。 (　　)

二、多选题

1－2　实训项目的教学要求包括（　　）。

A. 理论与实践相结合

B. 技能培养

C. 创新思维

D. 团队沟通与合作

第2章 振动测试基础

2.1 振动测量系统的组成

机械振动是工业生产和日常生活中极为常见的现象。很多机械设备和装置内部装有各种运动的机构和零部件，其在运行时由于负载不均匀、结构刚度各向不相等、表面质量不够理想等，因此不可避免地存在振动现象。在许多情况下，这种振动是有害的。许多设备故障的发生就是由于振动过大，产生有损机械结构的动载荷，而导致系统特性参数发生变化，严重时可能使零部件产生裂纹、结构刚度下降，或使机械设备失灵，影响机械设备的工作性能和使用寿命，甚至使机械设备损坏。同时，强烈的振动噪声对人的生理健康产生极大的危害。因此，如何减小振动的影响并将振动量控制在允许的范围内是当前急需解决的问题。

机械振动测试是现代机械振动学科的重要组成部分，是研究和解决工程技术中许多动力学问题必不可少的手段。在机械结构（尤其是那些承受复杂载荷或本身十分复杂的机械结构）的动力学特性参数（阻尼、固有频率、机械阻抗等）求解方面，虽然尚无法用理论公式直接准确计算，但是机械振动测试是当前最可靠的求解方法。在设计阶段为了提高结构的抗振能力，往往需要对结构进行各种振动试验、分析和仿真设计，通过对具体结构或相应模型的振动试验可以验证理论分析的正确性，找出薄弱环节，改善结构的抗振性能。

机械结构的振动测量主要是指测定振动体（或振动体上某一点）的位移、速度、加速度、振动频率、周期、相位、振型、频谱等，在工程实践中有时还要通过试验来测定振动系统的动态特性参数（如固有频率、阻尼、动刚度、动质量等）。

振动测量广泛采用电测法，这种方法灵敏度高，频率范围及线性范围宽，便于遥测和运用电子仪器，可以用计算机分析并处理数据。测量时，用传感器将被测振动量转换为电量，而后通过对电量的处理获取对应的振动量。

如果系统的输入（激励）和输出（响应）已知，就可以求出系统的动态特性参数，振动系统测试就是求取系统输入和输出的一种试验方法。图 2.1 所示为频率响应函数测量系统，被测系统通常在人为激励（如脉冲锤击激励）的作用下发生强迫振动，可以同时测出系统的输入和输出，求取系统的动态特性参数。

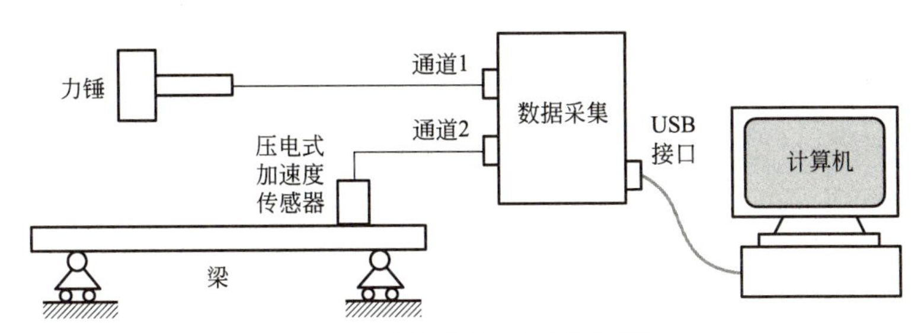

图 2.1　频率响应函数测量系统

2.2 测振传感器的工作原理

2.2.1 涡流传感器

涡流传感器不仅可以测量位移、厚度、转速、振动频率、硬度等参数，还可以进行无损探伤，是一种应用广泛且有发展前途的传感器。

涡流传感器利用涡流效应，将位移等非电量转换为阻抗的变化（或电感的变化、品质因数的变化），从而进行非电量电测。通有交变电流 i 的线圈，由于电流的变化，在线圈周围会产生交变磁场 H_1，当被测导体位于该磁场内时，被测导体内产生涡流 i_1，涡流也将产生新磁场 H_2，H_2 与 H_1 方向相反，因而抵消部分原磁场，导致线圈的电感、阻抗和品质因数发生改变。

涡流渗透深度是电磁检测中涡流检测的重要概念，表示涡流透入导体的距离，如图 2.2 所示。在电磁检测领域，涡流的标准渗透深度（也称集肤深度）是一个重要参数，表征涡流在导体中的渗透程度，用符号 δ 表示，单位是 m。当涡流密度衰减到其表面涡流密度的 1/e（约 36.8%）时，该渗透深度称为标准渗透深度。标准渗透深度是衡量涡流传感器在材料中穿透能力的重要指标，决定了传感器能够有效检测的缺陷或裂纹的最大深度。

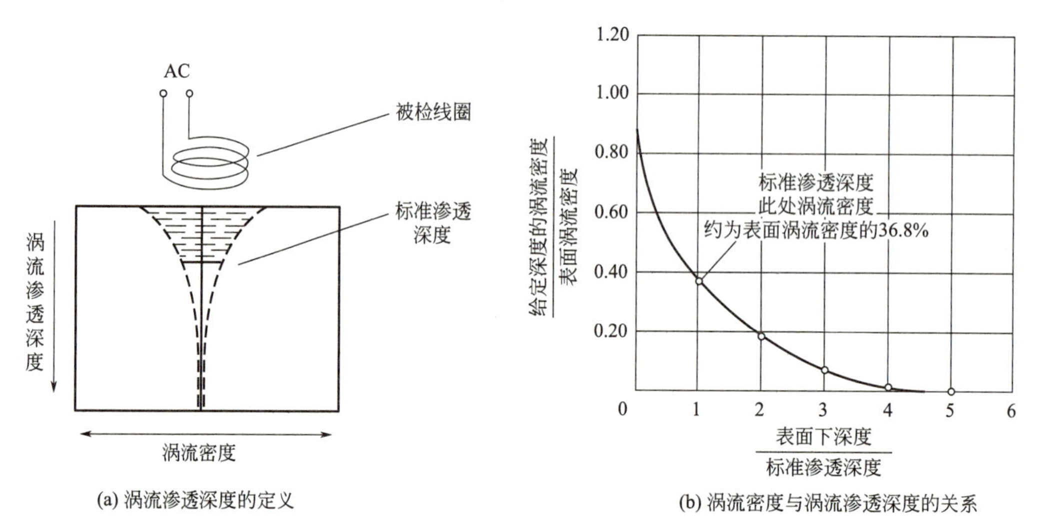

图 2.2 涡流渗透深度

涡流标准渗透深度的计算公式通常表示为

$$\delta=\frac{1}{\sqrt{\pi f \mu \sigma}} \tag{2-1}$$

式中，μ 为材料的磁导率，单位是 H/m；σ 为材料的电导率，单位是 S/m；f 为交流电流频率，单位是 Hz。

由于被检工件表面以下 3δ 处的涡流密度仅为其表面涡流密度的 5%，因此通常将 3δ

作为实际涡流探伤能够达到的极限深度（称为有效渗透深度）。

涡流传感器结构简单、灵敏度高、频率响应范围宽、不受油污等介质的影响，可实现非接触测量，适用范围广，可以用来测量位移、振动频率、厚度、转速、温度、硬度等参数，以及用于无损探伤。通常把涡流传感器按激磁电源频率高低分为两大类：高频反射式涡流传感器和低频透射式涡流传感器，前者用于非接触式位移的测量，后者用于金属板厚度的测量。

1. 高频反射式涡流传感器

高频反射式涡流传感器通过传感器端部与被测物体之间的距离变化来测量位移，能方便测量运动部件与静止部件之间的间隙变化。其测量范围为±(0.5～10)mm，灵敏阈约为测量范围的0.1%。这类传感器线性范围大、灵敏度高、频率响应范围宽、抗干扰能力强、不受油污等介质的影响，可实现非接触测量，广泛用于汽轮机组、空气压缩机组等回转轴系的振动监测和故障诊断。

图 2.3(a) 所示为高频反射式涡流传感器的工作原理。将金属板置于线圈附近，它们之间的距离为 δ，当线圈输入高频交变电流 i 时，会产生交变磁通 Φ，此交变磁通通过邻近的金属板，金属板表层就会产生感应电流，因为这种电流在金属体内是闭合的，所以称为电涡流。电涡流的大小与金属板的电阻率 ρ、磁导率 μ、厚度 h、金属板与线圈的距离 δ、激励电流角频率 ω 等参数有关。这种电涡流将产生交变磁通 Φ_1。若固定某些参数，就可根据涡流的变化测量另一个参数。根据楞次定律，电涡流的交变磁场与线圈的磁场变化方向相反，Φ_1 总是抵抗 Φ 的变化。由于电涡流磁场的作用，因此原线圈的等效阻抗 z 会发生变化，变化程度与距离 δ 有关。

2. 低频透射式涡流传感器

低频透射式涡流传感器采用低频激励，因而有较大的贯穿深度，适合测量金属材料的厚度。图 2.3(b) 所示为低频透射式涡流传感器的工作原理。在两个线圈之间放置一块金属板，由于在金属板内产生电涡流，消耗部分磁场能量，因此到达接收线圈 L_2 的磁通量减小，从而引起 u_2 下降。金属板厚度越大，电涡流损耗越大，u_2 就越小。可见，u_2 的大小可以反映金属板的厚度。

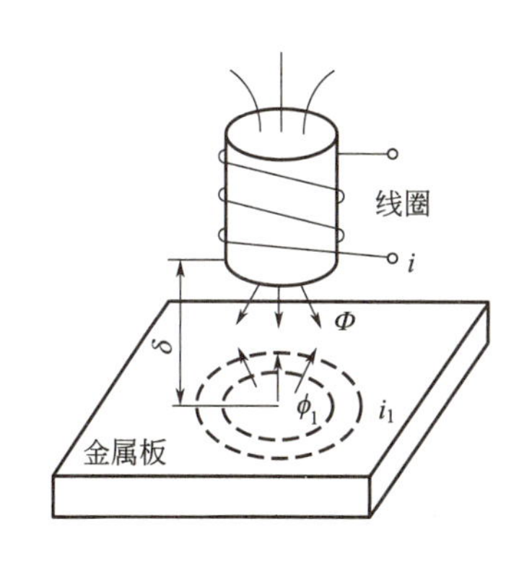

(a) 高频反射式涡流传感器的工作原理

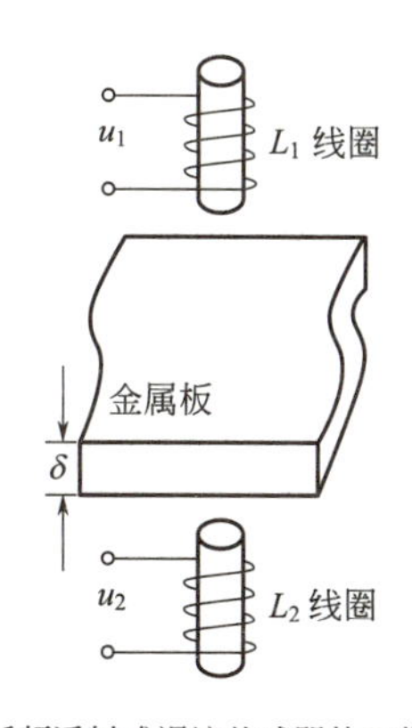

(b) 低频透射式涡流传感器的工作原理

图 2.3　高频反射式涡流传感器和低频透射式涡流传感器的工作原理

涡流传感器还可按传感器和工件的相对位置分为放置式涡流传感器［图 2.4(a)］、外穿过式涡流传感器［图 2.4(b)］和内穿过式涡流传感器［图 2.4(c)］三类。放置式涡流传感器主要用于各种板材、带材和大直径管材、棒材的表面质量检测，还能对形状复杂的工件的某一区域进行局部检测；外穿过式涡流传感器在使用时将工件穿过检测线圈内部进行检测，主要用于小直径的管材、棒材、线材的表面质量检测；内穿过式涡流传感器在使用时插入管件内部进行检测，主要用于管材的在役检测。

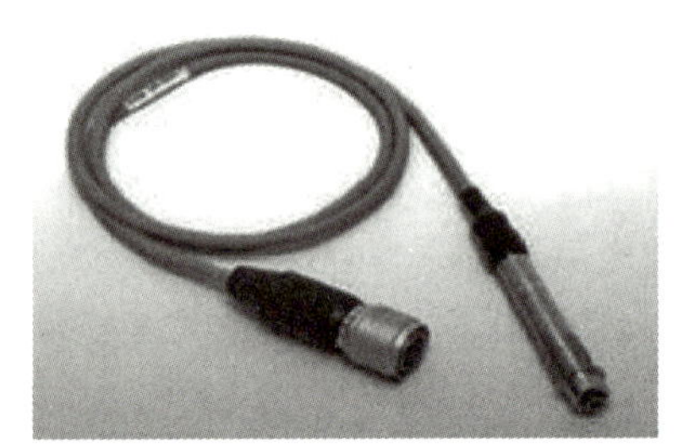

(a) 放置式涡流传感器

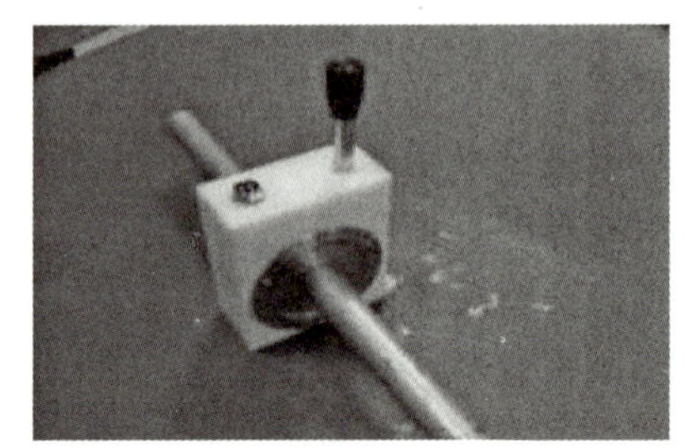

(b) 外穿过式涡流传感器

(c) 内穿过式涡流传感器

图 2.4　涡流传感器实物

2.2.2　光电式转速传感器

光电式转速传感器由光源、透镜、反射透光玻璃、光敏二极管和光码盘等组成，如图 2.5 所示。图 2.6 所示为光电式转速传感器实物。

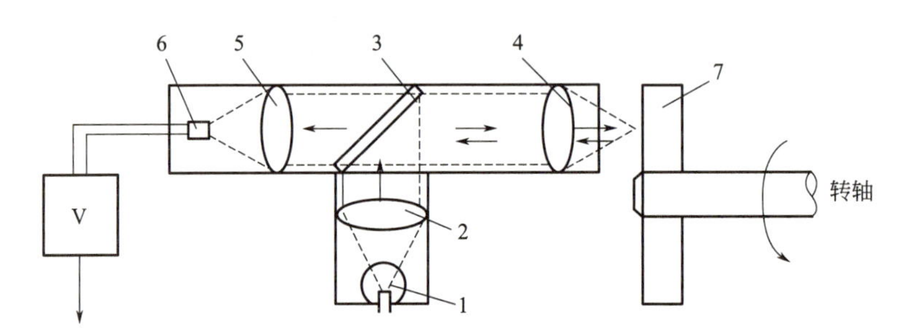

1—光源；2,4,5—透镜；3—反射透光玻璃；6—光敏二极管；7—光码盘。

图 2.5　光电式转速传感器的结构

图 2.6　光电式转速传感器实物

光源产生的光束经反射透光玻璃反射到光码盘上，光码盘安装在被测转速的转轴上。光码盘的表面有一些呈辐射状且间隔布置的反光面条纹及不反光面条纹。当转轴转动时，光码盘将有间隔的条纹反射到光敏二极管上，使光敏二极管电阻值产生交替的变化，其变化频率为

$$f=\frac{n}{60}z \tag{2-2}$$

式中，n 为转轴转速，单位为 r/min；z 为光码盘反射的条纹数。

光敏二极管的电阻变化信号经转换电路转变为电压信号，并送至显示仪表显示。

2.2.3 磁电式速度传感器

图 2.7 所示为磁电式速度传感器的结构，其实物如图 2.8 所示。在测量振动时，传感器固定或紧压于被测系统，磁钢与壳体一起随被测系统的振动而振动，装在芯轴上的线圈和阻尼环组成惯性系统的质量块，并在磁场中运动。弹簧片径向刚度很大、轴向刚度很小，这就使惯性系统既能得到可靠的径向支承，又能保证有很低的轴向固有频率。阻尼环一方面可增加惯性系统质量，降低固有频率；另一方面可在磁场中运动产生阻尼力，使振动系统具有合理的阻尼。

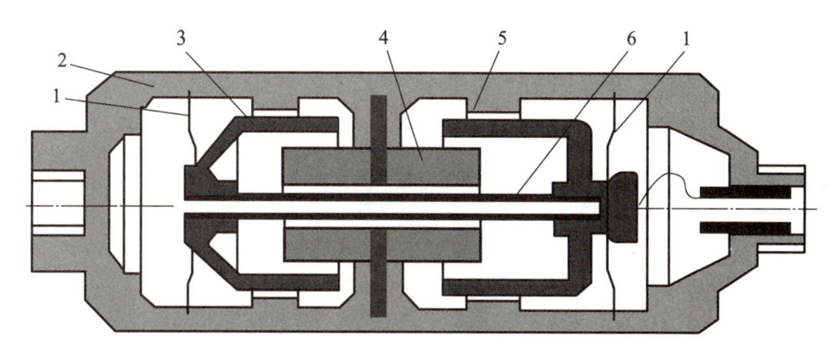

1—弹簧片；2—壳体；3—阻尼环；4—磁钢；5—线圈；6—芯轴。

图 2.7 磁电式速度传感器的结构

磁电式速度传感器的低频特性好、频率响应范围宽，有水平与垂直两种测试方向，可简化测试，直接配接显示处理仪表，带低频补偿电路，可测试极低频、小信号。磁电式速度传感器无须外加电源，输出信号可以不经调理放大即可远距离传送。

磁电式速度传感器主要用于发动机、大型电动机、空气压缩机、机床、车辆、轨枕振动台、化工设备、桥梁、高层建筑等的振动测量。此外，其不需要静止的基座作为参考基准，可直接安装在振动体上进行测量，因而在地面振动测量及机载振动监视系统中获得了广泛的应用。

图 2.8 磁电式速度传感器实物

2.2.4 压电式加速度传感器

压电式加速度传感器又称压电加速度计。压电式加速度传感器的结构如图 2.9 所示，图 2.10 所示为其实物。压电式加速度传感器利用某些物质（如石英晶体）的压电效应，在传感器受振时，质量块加在压电元件上的力随之变化。当被测振动频率远低于传感器的固有频率时，力的变化与被测加速度成正比。

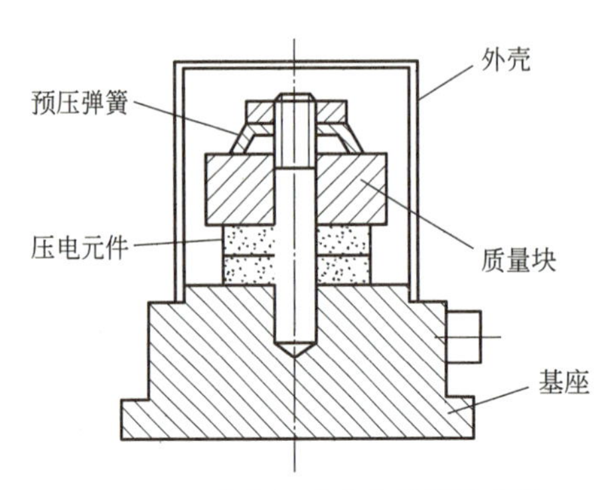

图 2.9 压电式加速度传感器的结构

图 2.10 压电式加速度传感器实物

当传感器和被测物一起受到冲击振动时，压电元件受质量块惯性力的作用，根据牛顿第二定律，此惯性力是加速度的函数。设质量块作用于压电元件的力为 $F_{上}$，基座作用于压电元件的力为 $F_{下}$，则有

$$F_{上}=Ma \tag{2-3}$$

$$F_{下}=(M+m)a \tag{2-4}$$

式中，M 为质量块质量；m 为晶片质量；a 为物体振动加速度。

由式（2-3）、式（2-4）可得，晶片中厚度方向（z 方向）任一横截面上的力为

$$F=Ma+ma(1-z/d) \tag{2-5}$$

式中，d 为晶片厚度。

因此，平均力为

$$\overline{F}=\frac{1}{d}\int_0^d [Ma+ma(1-z/d)]\,\mathrm{d}z=\left(M+\frac{1}{2}m\right)a \tag{2-6}$$

因晶片由压电陶瓷制成，极化方向在厚度方向（z 方向），作用力沿 z 方向，故此时外加应力只有 T_3，且不等于零，其平均值为

$$\overline{T_3}=\frac{1}{A}\left(M+\frac{1}{2}m\right)a \tag{2-7}$$

式中，A 为晶片电极面积。

选用 D 型压电常数矩阵，可得电荷

$$Q=d_{33}\overline{T_3}A=d_{33}\left(M+\frac{1}{2}m\right)a \tag{2-8}$$

式中，d_{33} 为压电常数。

由于质量块一般由质量大的金属钨或其他金属制成，而晶片很薄，即有 $M \gg m$，故式（2-8）通常写为

$$Q = d_{33} M a \tag{2-9}$$

由式（2-9）可知，压电元件的 Q 和 d_{33}、M 成正比，根据测量电荷量就可得到加速度 a。

实际测量时，图中的基座与被测物刚性地固定在一起。当被测物运动时，基座与被测物以同一加速度运动，压电元件受到质量块与加速度相反方向的惯性力的作用，在晶体的两个表面上产生交变电荷（电压）。当振动频率远低于传感器固有频率时，传感器输出电荷（电压）与作用力成正比。电信号经前置放大器放大，即可由一般测量仪器测出电荷（电压），从而得出物体的加速度。

压电式加速度传感器的信号输出形式有电荷输出型、低阻抗电压输出型等。其中，低阻抗电压输出型压电式加速度传感器的最大优点是测量信号质量好、噪声小、抗外界干扰能力强、可远距离测量，在振动测试中已逐渐取代传统的电荷输出型压电式加速度传感器。

2.2.5 力锤

脉冲激振是指在极短的时间内对被测对象施加一作用力，使其产生振动的激振方式。工程测试中常用力锤敲击被测对象来实现脉冲激振。力锤由锤头、锤体、配重、手柄等组成（图 2.11）。通常，在锤头和锤体之间装有力传感器，以测量被测系统所受锤击力的大小。锤击力的大小由锤击质量和锤击被测系统时的运动速度决定。力锤实物如图 2.12 所示。

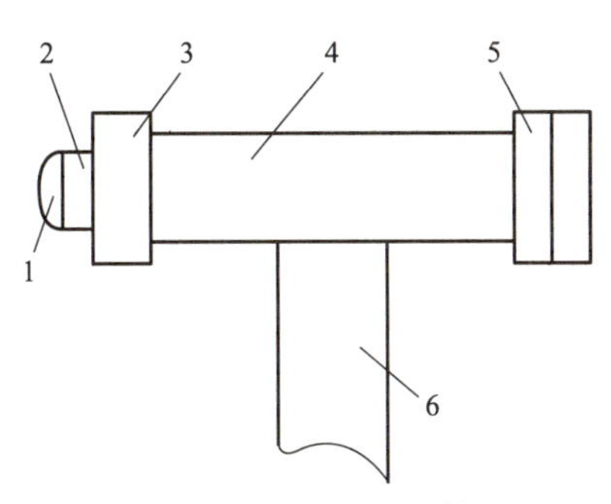

1—锤头；2—锤头垫；3—力传感器；4—锤体；5—配重；6—手柄。

图 2.11　力锤的结构

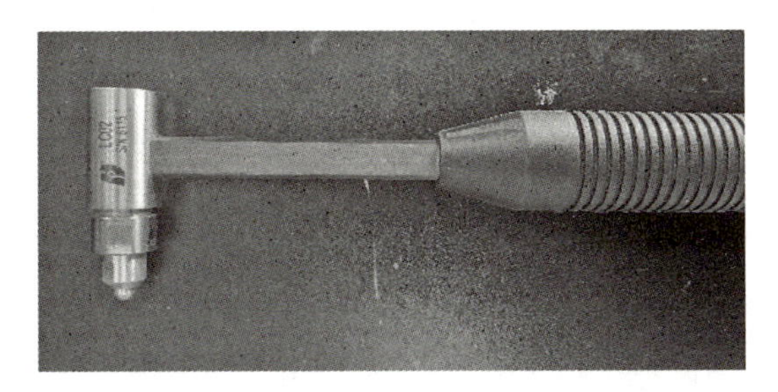

图 2.12　力锤实物

激振力的大小及有效频率响应范围取决于力锤的质量及锤击时接触时间的长短。锤击力的大小可通过调节力锤配重和锤击加速度改变。锤击力的大小不易控制，过小会降低信噪比，过大会引起非线性；锤击时间也不易掌握，它影响锤击激振力的频谱形状。

激励频宽和锤头质量、锤头垫材质有关。锤头质量越大，激励频宽越低；锤头垫越硬，锤击时接触时间越短，激振力越大，有效作用频带越宽。因此，要选择合适的锤头垫材料，以获得希望的激振频宽。常用的锤头垫材料有钢、黄铜、铝合金、橡胶等。不同硬度的力锤锤头，锤击时具有不同的频率响应带宽。力锤锤头越软，其频率响应带宽越小，锤击时能量就越集中于低频区域，适用于激励共振频率集中在低频区的结构，如汽车座椅等；而金属锤头的频率响应带宽较大，适用于激励共振频率在较高频率区间的结构，如汽车制动片等。

不同质量的力锤在激励时会产生不同的锤击力，力锤质量越大，越能激励重物。随着配重的增加，锤击力的脉冲信号宽度增加，这会减小力锤锤头的频率响应带宽。另外，考虑力锤的工作原理，增加配重后，测得的力的幅度会更加接近真实值。

在实验前，应首先检查力传感器、锤头垫是否安装牢固，安装不牢会产生虚假信号。锤击时，执锤要稳，落点要准，勿使锤头垫在试件上滑移，锤击力可根据结构情况，以既能激励试件又不会损坏试件为原则，锤击力的大小通过实验方法确定。结构物受锤击（脉冲力激励）后，其振动响应中会含有分析中不需要的高频成分，这些高频成分会造成折叠失真，因此应采用滤波措施。一般情况下，正确使用电荷放大器自身的滤波器即可满足使用要求。

2.2.6 阻抗头

在激振实验中还常用一种名为阻抗头的装置。阻抗头的结构如图 2.13 所示。阻抗头由两部分组成：前面是力传感器，后面是测量激振点响应的加速度传感器。力传感器测量激振力的信号，加速度传感器测量加速度的响应信号。阻抗头一般只能承受轻载荷，因而只能用于轻型结构、机械部件及材料试样的测量。阻抗头实物如图 2.14 所示。

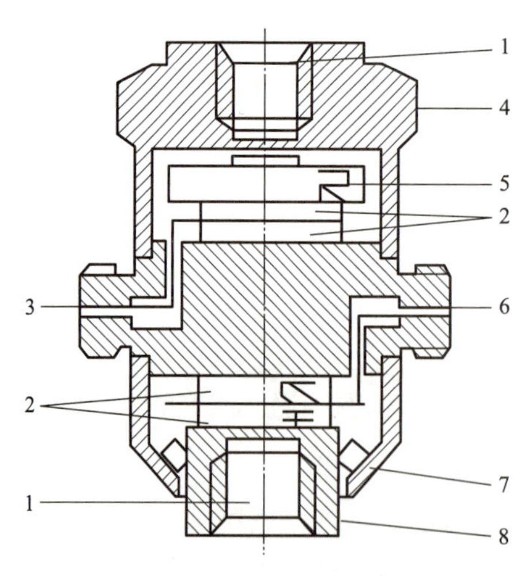

1—联接螺孔；2—两片压电元件；3—加速度传感器；4—外壳；

5—质量块；6—力传感器；7—硅橡胶；8—激振平台。

图 2.13 阻抗头的结构

图 2.14 阻抗头实物

2.2.7 超声波传感器

超声波是指频率高于人类听觉上限（大约 20kHz）的机械波，其频率过高，人耳无法感知。超声波具有频率高、波长短、定向性强、衰减快、穿透性强、调制容易等特性。超声波的频率范围通常从 20kHz 开始，可以达到数兆赫。不同应用对频率有不同的需求，如医疗成像常用几兆赫的频率，而无损检测可能使用更低或更高的频率。超声波具有较短的波长，因此它能够更精确地聚焦和反射，从而提供更好的分辨率。短波长也意味着它可以更好地穿透某些材料，并且可以在较小尺度上进行详细的成像。相对于普通声波，由于超声波更容易被控制成束状传播，因此可以实现定向发射。这一特性使超声波非常适合用于特定方向上的探测任务，如医学中的 B 超检查、工业中的无损检测等。

虽然超声波在空气中传播的距离有限，但在液体和固体中有较好的穿透性能。当超声波遇到两种不同介质的界面时会发生反射和折射。根据界面上的声阻抗（密度乘以声速）差异，一部分能量会被反射回来，另一部分继续向前传播并发生折射。利用这一特性，可以通过测量反射时间和角度来确定物体的位置、形状及内部结构。例如，在医学成像中，超声波可以穿透软组织到达骨骼或器官；而在工业无损检测中，它可以用来检查金属构件内部是否存在裂纹等缺陷。

超声波根据其传播方式可以分为纵波（压缩波）、横波（剪切波）及表面波。每种类型的波有不同的传播特性和应用场景。由于纵波具有速度大，穿透性强，能适用于多种介质，可以在固体、液体和气体中传播等优点，因此大多数商业化的超声波传感器使用纵波。

超声波传感器按其工作原理可分为压电式超声波传感器、磁致伸缩式超声波传感器、电磁式超声波传感器等，其中以压电式超声波传感器最为常用。

1. 压电式超声波传感器的工作原理

压电式超声波传感器是利用压电材料的压电效应工作的。常用的压电材料主要有压电晶体和压电陶瓷。压电式超声波发生器利用逆压电效应将高频电振动转换为高频机械振动，从而产生超声波。压电式超声波接收器是利用正压电效应工作的。当超声波作用到压电晶片上时，压电晶片伸缩，在压电晶片的两个表面上产生极性相反的电荷，这些电荷被转换为电压，经放大后送到测量电路，最后被记录或显示出来。

压电式超声波传感器主要由吸收块（阻尼块）、保护膜、压电晶片等组成（图 2.15），其实物如图 2.16 所示。压电晶片的形状多为圆板形，超声波频率与其厚度成反比。压电晶片的两面镀有银层，作为导电的极板，底面接地，上面接至引出线。为了避免传感器与被测件直接接触而磨损压电晶片，在压电晶片下黏合一层保护膜。吸收块（阻尼块）的作用是降低压电晶片的机械品质因数，吸收超声波的多余能量。

超声波传感器有不同的入射方式，主要取决于其应用需求和被测对象的特性。常见的入射方式有垂直入射、斜入射（也称角度入射）及表面波入射。每种入射方式都有其独特的特点和适用场合，具体选择取决于被测对象的几何形状、检测目标、材料性质、环境条件、工作温度等。垂直入射方式的反射信号强、测量精度高、易于实现，常用于距离测量、厚度测量、液位监测、无损探伤等场合，特别适用于精确测距和材料厚度测量任务；斜入射方式能产生横波，适用于测量不规则形状或有倾斜表面的被测对象，常用于焊接质量检测、管道壁厚测量、复合材料检测、医学成像等场合；表面波入射方式沿表面传播时对表面微小变化非常敏感，能捕捉到细小的缺陷或纹理，但衰减较快、作用距离有限，常用于表面缺陷检测、涂层厚度测量、应力分析、振动分析等场合。

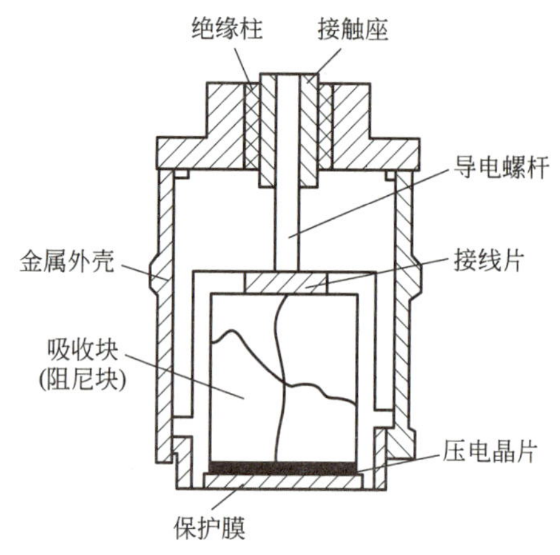

图 2.15　压电式超声波传感器的结构

图 2.16　压电式超声波传感器实物

2. 超声波垂直入射的测距原理

对于垂直入射式探头来说，测距的基本原理与其他类型的超声波传感器相同，即基于超声波往返于传感器与目标之间的时间来确定距离，计算公式为

$$D=\frac{1}{2}vt \tag{2-10}$$

式中，D 为传感器与目标之间的距离；v 为声速；t 为往返时间。

3. 超声波垂直入射的测厚原理

在材料测厚方面，垂直入射式探头主要用于固体材料（特别是金属板材）厚度的测量。其工作过程如下（图 2.17）。

（1）发射始波：检测开始，超声波探头发射始波。

（2）返回表面回波：当始波遇到材料的前表面时，会有一部分能量被反射回来，形成表面回波，它是始波与材料表面相互作用后立即产生的第一个反射信号。

（3）返回缺陷回波及底面回波：超声波穿过材料时，在材料中遇到缺陷界面，有一部分能量被反射回来，形成缺陷回波；超声波到达材料底部后，再被反射回来，形成底面回波。底面回波可以是一次底波或二次底波等，取决于超声波在材料中的往返次数。

（4）分析信号：通过分析表面回波和底面回波之间的时间差，可以计算材料的厚度，即

$$H=\frac{1}{2}C\cdot\Delta t \tag{2-11}$$

式中，H 为材料的厚度；C 为材料中的声速；Δt 为表面回波和底面回波之间的时间差。

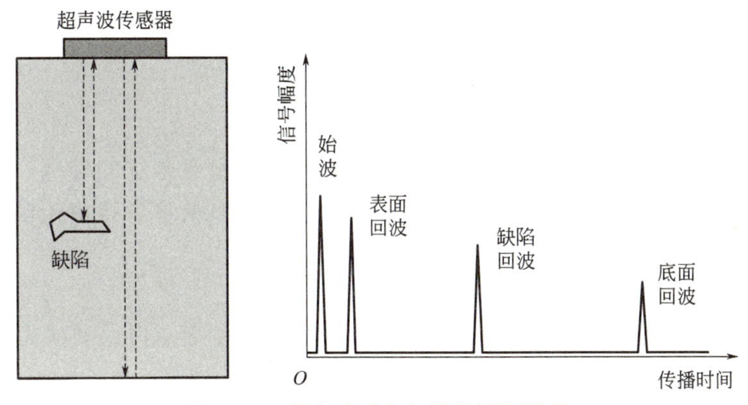

图 2.17　超声波垂直入射的测厚原理

需要注意的是，为了保证测量的准确性，探头必须保持与材料表面完全垂直，否则会导致测量误差。此外，需要考虑材料性质（如密度、弹性模量）、表面状况等因素对声速的影响，从而校准测量结果。

2.3 传感器的选用原则

传感器的选用是传感器技术中的重要环节，直接影响测量系统的精度、可靠性和经济性。在选择传感器时，应遵循一系列原则以确保所选传感器最适合特定的应用场景。以下是一些关键的传感器选用原则。

(1) 明确测量目的和量程。

明确测量目的，具体包括要测量的物理量、量程、精度要求等。要确定传感器的最大测量值和最小测量值，确保测量值在整个量程内有效。

(2) 满足精度与灵敏度。

精度是指传感器测量值与真实值的接近程度。

如图 2.18 所示，灵敏度定义为单位输入变化所引起的输出变化，通常将理想直线的斜率作为测量装置的灵敏度，有

$$S=\frac{\Delta y}{\Delta x} \tag{2-12}$$

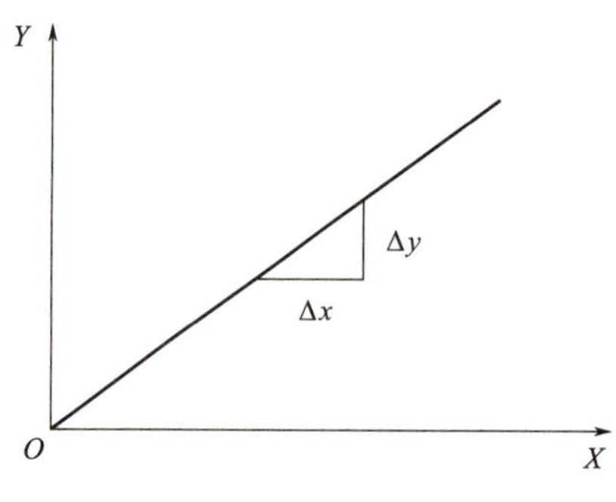

图 2.18 灵敏度

应选择能满足应用所需精度和灵敏度的传感器。

(3) 保持线性度与稳定性。

如图 2.19 所示，线性度是指测量装置输入、输出之间的关系与理想比例关系的偏离程度。由静态标定得到的输入、输出数据点与理想直线偏差的最大值 ΔL_{max} 称为线性误差。在系统标称输出范围（全量程）A 内，定度曲线与拟合直线的最大偏差通常表示为

$$\delta_L=\frac{|\Delta L_{max}|}{A}\times 100\% \tag{2-13}$$

稳定性是指系统在一定工作条件下，当输入量不变时，输出量随时间变化的程度。当系统不稳定时，容易产生漂移。引起系统漂移的原因有两个：一个是系统自身结构参数的变化；另一个是周围环境的变化（如温度、湿度等）。最常见的系统漂移是温度漂移，即

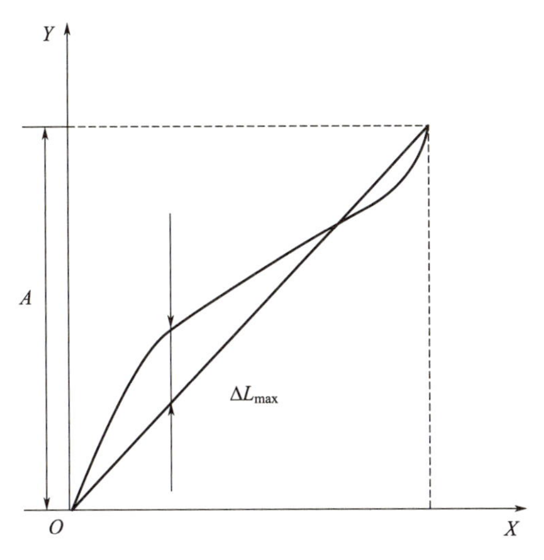

图 2.19 线性度

由周围环境的温度变化而引起输出的变化，进一步引起系统的灵敏度漂移。

应确保传感器在预期的使用寿命内保持良好的线性度和稳定性。

（4）适应工作环境。

考虑传感器将要工作的环境条件，如温度、湿度、腐蚀性气体、电磁干扰等，要选择能适应这些环境条件的传感器。

（5）确定响应时间。

确定传感器对变化量的响应时间，特别是在动态测量时，必须确保传感器的响应时间满足应用的需求。

（6）考虑尺寸与安装。

考虑传感器的大小和形状，以及安装位置和方式，确保可以方便地将传感器安装在预定位置，并且不会影响测量结果。

2.4 知识拓展

2.4.1 振动测量系统及其应用情况

1. 振动测量系统的组成

振动测量系统是机械工程领域中用于监测和分析结构或设备振动行为的重要工具。它广泛应用于航空航天、汽车制造、土木建筑等多个行业，对于确保机械设备的安全运行、提高生产效率及延长使用寿命具有至关重要的作用。随着“工业 4.0”时代的到来，振动测量系统正朝着智能化、网络化方向发展，其性能不断提高，应用范围也日益扩大。

振动测量系统通常由以下几个主要部分组成：传感器、信号调理电路、数据采集装置、计算机及分析软件等。每个组成部分在振动测量系统中都扮演着不可或缺的角色，它们共同协作以实现对振动信号的有效捕捉、处理和分析。

（1）传感器。

传感器是振动测量系统中最前端也是最关键的部件。它负责将物理量（如位移、速度、加速度）的变化转换为易于传输和处理的电信号。根据不同的工作原理，传感器可以分为接触式传感器和非接触式传感器两大类。接触式传感器包括压电式加速度传感器、磁电式速度传感器等。这类传感器通过直接接触被测物体表面来感知振动信息，具有较高的灵敏度和稳定性，但安装时需考虑固定方式对测量结果的影响。非接触式传感器包括高频反射式涡流传感器、电涡流位移传感器等。它们无须与被测物体直接接触即可完成测量，适用于高温、高压等恶劣环境，并且不易受外界干扰。

随着科技的进步，新型材料和制造工艺不断涌现，为传感器的发展注入了新的活力。例如，基于微机电系统（micro - electro - mechanical system，MEMS）技术的小型化、集成化传感器逐渐成为研究热点；石墨烯、碳纳米管等新型材料的应用使传感器具备更高的灵敏度、更低的功耗及更宽的工作温度范围。

（2）信号调理电路。

信号调理电路位于传感器之后，主要用于对来自传感器的原始信号进行预处理，使其符合后续数据采集的要求。具体来说，信号调理电路可以完成放大、滤波、隔离等操作，从而消除噪声、提升信噪比，并保证信号不失真地传递给下一级设备。

信号调理电路的关键设计技术如下。

① 放大器设计：选择合适的放大倍数至关重要，既要保证足够大的输出电压幅度以便于后续处理，又要避免过载失真。目前常用的放大器有运算放大器、仪表放大器等，它们各自拥有独特的性能特点，适用于不同的应用场景。

② 滤波器设计：为了去除不需要的频率成分，通常会在信号调理电路中加入低通滤波器、高通滤波器或带通滤波器。近年来，数字滤波器因其灵活性和可编程性而受到青睐，它们能够根据不同需求动态调整滤波参数，提供更好的滤波效果。

③ 电源管理：稳定的电源供应是确保整个振动测量系统正常工作的前提。针对便携

式或无线传感节点，如何实现高效节能的电源管理成为一个重要课题。目前，采用能量收集技术（如太阳能发电、振动发电等）结合超低功耗芯片已经成为一种趋势。

（3）数据采集装置。

数据采集装置是连接传感器与计算机的桥梁，负责将模拟信号转换为数字信号并进行初步的数据处理。典型的硬件架构包括模拟输入模块、模数转换器、数字信号处理器及通信接口等。其中，模数转换器的选择直接影响最终采集数据的质量，因此应综合考量分辨率、采样率、线性度等因素。

现代数据采集装置往往配备专用的操作软件，用户可以通过图形界面轻松配置各项参数，如通道选择、触发条件、存储格式等。此外，一些高级功能（如实时显示、远程监控、自动报警等）也为实际应用提供了极大便利。值得注意的是，随着云计算、大数据等新兴技术的发展，越来越多的数据采集装置开始支持云端服务，实现了海量数据的分布式管理和智能分析。

（4）计算机及分析软件。

计算机作为振动测量系统的终端设备，承担着重要的数据分析任务。通过对采集到的振动信号进行全面解析，可以获取关于结构健康状态、故障特征等有价值的信息。典型的数据分析方法如下。

① 时域分析：主要关注信号的时间历程特性，如均值、方差、峰值等统计量，以及自相关函数、互相关函数等描述信号之间关系的指标。尽管其简单直观，但对于复杂振动现象仍然难以提供深层次的解析。

② 频域分析：利用傅里叶变换将时域信号转换为频域信号，进而得到功率谱密度、幅值谱、相位谱等反映信号频率分布特征的参数。这种方法特别适用于识别周期性振动源的位置及强度。

③ 时频分析：考虑实际振动过程中频率成分随时间变化的情况，引入小波变换、希尔伯特-黄变换等现代数学工具，可以在时间和频率两个维度上同时刻画信号特征，尤其适用于非平稳随机振动的研究。

优秀的分析软件不仅应具备强大的计算能力，还应提供友好的用户界面，方便工程师直观地观察和理解数据。例如，三维动画展示、虚拟现实（virtual reality，VR）技术的应用可以使用户身临其境般地体验振动现象；交互式图表编辑器则允许用户根据需要灵活地定制视图，快速定位感兴趣的区域。

2. 国内外研究进展与技术趋势

振动测量系统作为现代机械工程不可或缺的一部分，经历了从单一功能到复合功能、从静态测量到动态监测的演变过程。其组成结构也在不断优化和完善，形成了由传感器、信号调理电路、数据采集装置、计算机及分析软件等组成的完整体系。当前，国内外研究人员正在积极探索各种新技术、新材料的应用，旨在进一步提升振动测量系统的性能指标和适用范围。展望未来，智能化、网络化、微型化与集成化、绿色低碳将成为振动测量技术发展的主要方向，这不仅有助于满足日益增长的市场需求，还将为人类社会带来更加安全可靠的生活环境。

我国许多高等学校和科研院所积极开展振动测量技术的研究工作，取得了一系列重要突破。清华大学机械工程系建立了完善的振动实验室，围绕复杂机械系统的振动特性开展了大量实验研究；中国科学院力学研究所则在非线性动力学、混沌理论等领域进行了深入探索，为解决实际工程问题提供了坚实的理论基础。近年来，我国企业在振动测量技术研发方面也展现出强劲势头。中国航天科工集团有限公司下属多家单位成功研制了适用于航天飞行器的高可靠性振动传感器；海尔智家股份有限公司通过引进、吸收国外先进技术，打造了具有自主知识产权的智能家居振动监测系统，提升了用户体验和服务水平。

美国在振动测量领域一直处于领先地位，拥有一批世界知名的科研机构和企业。例如，美国航空航天局长期致力于开发高性能振动传感器及其应用，特别是在航空发动机叶片振动监测方面取得了显著成果；麻省理工学院则专注于探索新型材料和器件在振动测量中的潜力，推动了 MEMS 传感器技术的快速发展。

欧洲各国政府高度重视制造业转型升级，投入大量资源支持振动测量技术的研发。德国弗劳恩霍夫研究所推出的 Ecosmart 系列智能传感器，集成了多种先进技术和算法，实现了对环境友好型机械系统的全面监控；英国帝国理工学院在振动控制理论及其工程应用方面积累了丰富经验，为全球众多工程项目提供了技术支持。

日本凭借其精密制造产业的优势，在振动测量仪器制造方面占据重要地位。索尼生产的高精度振动传感器广泛应用于消费电子产品和工业自动化设备中。

韩国科学技术院聚焦于机器人技术与振动测量的融合，开发出了一系列创新性的检测方案，提高了机器人的灵活性和适应性。

随着人工智能、机器学习等前沿技术的迅猛发展，未来的振动测量系统将更加智能化。通过构建深度神经网络模型，振动测量系统可以从海量历史数据中自动提取特征模式，实现对未知故障类型的提前预警；利用强化学习算法优化传感器布局策略，最大限度地提高测量精度和覆盖范围。例如，IBM 公司推出的 Watson IoT 平台结合边缘计算能力，实现了对工厂设备振动数据的实时分析和预测性维护。

未来的振动测量系统将具有以下三大发展趋势。

(1) 网络化：物联网技术的应用使振动测量系统不再局限于单个设备或局部区域，而是形成一个互联互通的整体网络。借助无线通信协议（如 Wi－Fi、蓝牙、LoRaWAN），各节点之间可以实时共享数据，便于集中管理和协同作业；结合边缘计算能力，还可以在现场快速处理关键信息，降低延迟并节省带宽资源。例如，我国华为公司推出的 OceanConnect IoT 平台支持多种接入方式，为用户提供了一站式的物联网解决方案。

(2) 微型化与集成化：微纳米加工技术的进步促使振动传感器向更小尺寸、更高集成度的方向发展。例如，基于硅基材料的 MEMS 传感器已经实现了从毫米级到微米级甚至纳米级的跨越，大大减小了体积，减轻了质量；与此同时，多功能一体化设计成为主流趋势，即在一个芯片上集成多种传感单元及相关电路，简化了系统架构，降低了成本。例如，瑞士苏黎世联邦理工学院开发的超薄柔性传感器阵列可以在不影响佩戴舒适性的前提下对人体生理信号进行全面监测。

(3) 绿色低碳：在全球倡导可持续发展理念的大背景下，研发绿色环保型振动测量系统显得尤为迫切。一方面，采用新型能源收集装置代替传统电池供电可以减少废弃物排放；另一方面，优化传感器材料选择和生产工艺可以降低能耗和环境污染风险，为建设美丽地球家园贡献力量。例如，英国剑桥大学研究团队提出了一种基于摩擦纳米发电机的能量收集方案，可以有效利用人体运动产生的机械能为可穿戴设备供电。

2.4.2 新型测振传感器的研究进展

振动测量是机械工程和结构健康监测中的核心技术，而测振传感器作为获取振动信息的前端设备，在整个系统中起着至关重要的作用。随着工业自动化程度的提高和技术的进步，对测振传感器的要求也越来越高，不仅需要其具备高精度、宽频带响应等性能指标，还需要其具有良好的环境适应性和可靠性。

1. 传感器的国内外研究进展

哈尔滨工业大学和北京航空航天大学分别在国防军工、航天航空领域积累了宝贵的经验和技术储备。

我国涌现出了一批优秀的企业，在测振传感器领域的创新能力不断提升。例如，苏州固锝电子股份有限公司专注于半导体传感器的研发与生产，其产品广泛应用于汽车电子、消费电子等多个行业；杭州远方光电信息股份有限公司则在光学传感器方面形成了独特的竞争优势，特别是在 LED 照明、显示面板检测等领域占据了重要地位；歌尔声学股份有限公司通过引进、吸收国外先进技术，成功打造了具有自主知识产权的声学传感器品牌，提升了我国 MEMS 产品在全球市场的影响力。

美国在测振传感器技术研发方面一直处于世界领先水平，尤其在高性能材料、先进制造工艺等方面积累了丰富的经验。美国航空航天局和美国国防部下属实验室致力于开发适用于极端环境（如太空探索、深海探测）的特种传感器；斯坦福大学、麻省理工学院等顶尖高校则侧重于基础理论研究，不断突破现有技术瓶颈，推动传感器小型化、智能化发展。

欧洲各国政府高度重视制造业的转型升级，投入大量资源支持测振传感器的研发工作。德国博世、西门子等知名企业凭借其强大的研发实力，在汽车电子、工业自动化等领域推出了许多创新型产品；法国国家科学研究中心、意大利帕多瓦大学等科研机构也在新型材料、能量收集等方面取得了重要成果。

日本因其精密制造产业发达，拥有众多优秀的传感器制造商，如村田制作所、TDK 株式会社等。这些公司在微波通信、射频识别等高端应用领域占据了较大的市场份额。

韩国三星电子、LG 电子等企业积极布局智能家居、物联网市场，推出了一系列具有竞争力的智能家居传感器解决方案。

2. 传感器技术的相关理论研究

（1）材料科学。

新型材料的出现为测振传感器带来了新的发展机遇。例如，石墨烯作为一种由碳原子构成的单层二维材料，具有优异的电学性能、力学性能，可用于制造高性能压电传感器；碳纳米管由于具有独特的纳米结构和力学性质，成为理想的振动感知材料；此外，钙钛矿材料因具备良好的光电转换效率，在光纤布拉格光栅传感器中有潜在的应用前景。

复合材料是由两种或多种不同性质的材料组合而成的新材料，通常表现出优于单一材料的综合性能。在测振传感器领域，研究人员正在探索如何通过合理的配方设计和成型工艺，制备出兼具高强度、高韧性、高灵敏度等特点的复合材料传感器，以满足特殊工况下的使用要求。

（2）物理机制。

量子力学的发展为理解微观粒子行为提供了全新的视角，也为测振传感器的设计提供了理论依据。例如，基于量子点的荧光传感器可以在纳秒级别的时间尺度上响应振动刺激，为高速动态过程监测提供了可能；另外，拓扑绝缘体等新型量子材料展现出了独特的输运特性，有望应用于下一代高精度振动传感器。

非线性动力学是一门研究复杂系统演化规律的学科，它揭示了自然界中存在的普遍规律。在测振传感器领域，非线性动力学可以帮助解释振动信号中的混沌、分岔等现象，进而指导传感器优化设计，提高其抗干扰能力和鲁棒性。

3. 传感器技术的最新进展

（1）MEMS传感器。

MEMS是一种集成了微型机械结构和电子电路的新型传感器技术。它利用半导体制造工艺，在硅片上加工出微小的机械部件（如悬臂梁、谐振腔等），并通过电容、压阻等方式感知外界物理量的变化。与传统的传感器相比，MEMS传感器具有体积小、质量轻、功耗低、成本低等显著优点，特别适合大规模集成应用。

在振动测量领域，MEMS加速度传感器被广泛应用于智能手机、可穿戴设备及工业自动化装备。例如，手机内置的三轴MEMS加速度传感器不仅能够实现步数统计、运动轨迹记录等功能，还可以用于检测跌落等异常情况；在工业环境中，基于MEMS技术的无线振动传感器网络可以对大型机械设备进行全天候监控，及时发现潜在故障并采取预防措施。

（2）光纤传感器。

光纤传感器利用光波在光纤中传输时受到外界因素影响而发生折射率变化来实现测量。根据光信号的调制机制，光纤传感器可分为强度调制型光纤传感器、相位调制型光纤传感器、偏振调制型光纤传感器、波长调制型光纤传感器（如光纤布拉格光栅传感器）等。其中，光纤布拉格光栅传感器因其灵敏度高、抗电磁干扰能力强等特点在振动测量方面展现出巨大潜力。

在土木建筑工程中，光纤传感器常被埋设于混凝土内部或粘贴于桥梁表面，用以监测结构健康状况。例如，我国港珠澳大桥安装了数百个光纤布拉格光栅传感器，形成了一个密集的监测网络，能够实时捕捉桥体各部位的振动信息，为评估其承载能力和制订维护计划提供了重要依据。此外，光纤传感器广泛应用于航空航天、电力输送等领域，成为保障关键基础设施安全运行的重要手段。

（3）智能材料传感器。

智能材料是指能够在外界刺激下产生响应并改变自身性能的一类特殊材料。常见的智能材料有形状记忆合金、压电陶瓷、磁致伸缩材料等。用智能材料制成的传感器不仅可以感知环境变化，还能主动调节输出信号，实现从被动感知到主动控制的转变。

以压电陶瓷为例，它可以将机械振动直接转换为电信号输出，无须额外供电，因此非常适用于自供电式振动监测系统。在汽车发动机气缸盖上安装多个压电陶瓷传感器，可以精确测量燃烧过程中产生的高频振动，帮助工程师优化点火时刻、提高燃油效率；同样地，在风力发电机组叶片根部布置若干压电陶瓷片，既能监测叶片的健康状态，又可通过能量收集装置为无线通信模块提供电源支持。

4. 计算机及分析软件的前沿探索

（1）先进算法研究。

先进算法研究包含非线性动力学建模、时频域联合分析等。

① 非线性动力学建模：传统的线性振动理论虽然简单易懂，但在描述复杂机械系统的动态行为时存在局限性。近年来，非线性动力学建模逐渐成为热点研究方向之一。通过对系统内部非线性元件（如间隙、摩擦等）的精确刻画，可以更真实地反映实际工况下的振动特性。例如，基于哈密顿原理建立的非线性振动方程组，结合数值仿真方法，能够预测结构在不同激励条件下的响应曲线，为故障诊断提供了有力支撑。

② 时频域联合分析：单一时域或频域分析方法难以全面揭示振动信号中的所有信息。因此，研究人员提出了时频域联合分析的新思路，旨在融合二者的优势，构建更加全面的表征体系。常用的时频分析工具包括短时傅里叶变换、小波变换、希尔伯特-黄变换等。这些方法可以在时间轴和频率轴两个维度上同时刻画信号特征，尤其适用于非平稳随机振动的研究，有助于发现隐藏在数据背后的细微变化。

（2）虚拟现实与增强现实。

虚拟现实（VR）和增强现实（AR）为振动测量带来了全新的交互方式。通过佩戴VR头盔或AR眼镜，用户仿佛置身于真实的振动环境中，可以直观地观察各测点的振动情况及其相互关系。这种沉浸式的体验不仅增强了用户的参与感，也为教学培训、工程演示等活动增添了趣味性和生动性。

结合VR/AR，可以在三维空间内动态展示结构健康状态，如颜色渐变表示不同振幅大小、箭头指示主要振动方向等。此外，叠加显示历史数据、报警阈值等附加信息可以帮助工程师迅速做出正确判断。例如，在桥梁巡检过程中，技术人员可以通过佩戴AR眼镜实时查看桥体各部位的振动参数，发现问题后立即启动应急预案，提高工作效率和安全性。

（3）未来变革。

① 更加精准高效的测量手段：新型传感器技术和信号处理算法的应用将进一步提升振动测量系统的精度和可靠性，使其能够捕捉到更为细微的振动特征，为早期故障诊断和预防性维护提供强有力的支持。

② 全方位覆盖的监测网络：物联网技术的普及将促使振动测量系统形成一个互联互通的整体网络，实现对各类机械设备的全方位、全天候监控。这不仅有利于资源的合理配置，还将为智慧城市建设贡献力量。

③ 人机协同的工作模式：通过引入VR/AR等新兴交互技术，振动测量系统将逐步演变为人机协同的工作平台，使用户能够更加直观地理解数据并操作数据，极大地方便了日常使用和维护。

④ 可持续发展的环保理念：在全球倡导绿色低碳的大背景下，研发绿色环保型振动测量系统将成为必然趋势。从材料选择到生产工艺，再到能源管理，每个环节都将遵循可

持续发展理念，为建设美丽地球家园贡献力量。

2.4.3 传感器的性能评价及其选用方法

传感器的选用是振动测量系统设计中的关键环节，它不仅决定了数据采集的质量和精度，还直接影响后续分析结果的可靠性和准确性。随着科技的进步，市场上出现了种类繁多、性能各异的传感器产品，如何根据具体应用场景合理选择合适的传感器成为一个重要课题。

1. 传感器的性能评价指标

（1）灵敏度。

灵敏度是指传感器输出信号随输入物理量变化的程度，通常用单位输入增量所引起的输出变化量表示。高灵敏度意味着传感器能够捕捉更为细微的变化，但也容易受到噪声干扰。因此，在实际应用中需权衡灵敏度与信噪比之间的关系，选择合适的传感器。

（2）线性度。

线性度是指传感器输出与输入之间的实际关系曲线偏离直线的程度。在理想情况下，二者应呈直线比例关系，但在实际操作中往往存在一定偏差。为了评估线性度，常用相对误差或最大绝对误差作为衡量标准。一般来说，线性度越好的传感器越容易进行标定和校准。

（3）分辨率。

分辨率是指传感器能够区分最小输入差异的能力。高分辨率意味着传感器可以提供更精细的数据，这对于精确测量尤为重要。然而，分辨率并非越高越好，还需考虑采样速率、存储空间等因素的制约。

（4）响应时间。

响应时间是指传感器从接收到输入信号到输出稳定值所需的时间间隔。快速响应有助于捕捉瞬态事件，但对于某些低频振动来说，过快的响应可能会引入不必要的高频噪声。因此，在选择传感器时需根据具体应用场景确定合适的响应时间。

2. 传感器选用的基本原则

（1）测量范围。

测量范围是指传感器能够准确感知并输出信号的物理量区间。对于振动测量而言，测量范围主要包括位移、速度、加速度等参数的最大值和最小值。选择时需确保被测对象的振动幅度落在传感器的有效测量范围内，避免超出上限或低于下限导致失真或无响应。例如，在桥梁健康监测中，若预计最大振幅为±5mm，则应选择量程大于该值的位移传感器；而在精密机床加工过程中，由于振动较为微弱，可能需要采用高灵敏度的小量程加速度传感器来捕捉细微变化。

（2）频率响应。

频率响应描述传感器对不同频率成分的敏感程度。理想的传感器应在整个工作频带内保持平坦的响应特性，即不论输入信号频率如何变化，输出信号均能如实反映输入情况。然而，实际的传感器往往存在一定的频率限制，过高或过低的频率信号都可能被衰减甚至完全滤除。

在选择传感器时，必须考虑被测结构或设备的主要振动频率分布。例如，旋转机械（如电机、风机）的主要振动频率通常集中在数十赫兹至数千赫兹之间，因此应优先选用宽频带响应良好的传感器；而土木建筑结构的振动频率较低，一般在几赫兹至几百赫兹之间，这种情况可适当放宽对高频段的要求。

（3）环境适应性。

环境条件是影响传感器性能的重要因素。温度、湿度、压力、电磁干扰等都可能导致传感器输出异常或损坏。因此，在恶劣环境下使用时，必须选择具有良好防护等级和抗干扰能力的传感器。在高温环境（如发动机舱内部）下使用时，普通传感器可能因过热而失效，这时应选用耐高温型传感器，如采用陶瓷基底材料制成的压电式加速度传感器；而在强电磁干扰环境（如变电站附近）下使用时，应选择具备良好屏蔽效果的电涡流位移传感器，以保证测量数据真实、可靠。

（4）固定方式。

传感器的固定方式直接关系其能否稳定工作及是否会对被测物体造成额外负担。常见的固定方式有螺栓连接、胶黏剂固定、磁铁吸附等。每种方法都有各自的优缺点，需根据具体情况权衡利弊后决定。例如，在大型机械设备上安装传感器时，尽量选择刚性固定方式，以减少外部振动传递带来的误差；而在一些轻质部件或易碎部件上，应采用柔性固定方式，防止因过度约束而导致传感器自身产生变形。

（5）成本效益。

成本效益分析不仅是对经济的考量，还是对使用寿命、维护费用等多方面的考量。高性能传感器虽然价格较高，但从长期来看可能更划算，因为它们往往具有更高的稳定性和更低的故障率。反之，低价劣质传感器虽然初期投入少，但由于频繁更换或维修，反而会增加总体成本。

对于预算有限的情况，可以选择性价比较高的通用型传感器，通过合理的校准和维护延长其使用寿命；而对于关键部位或特殊需求场景，应选用专业级传感器，确保万无一失。

本章总结

本章介绍了振动测试的重要基础知识，包括振动测量系统的组成、测振传感器的工作原理及传感器的选用原则等。

振动测量系统是实现机械结构健康监测和故障诊断的基础。它由传感器、信号调理电路、数据采集装置、计算机及分析软件等部分组成。传感器用于感知机械结构的振动信息，信号调理电路对传感器输出进行放大、滤波等预处理，数据采集装置负责将模拟信号转换为数字信号并传输给计算机及分析软件进行后续分析。随着科技的进步，振动测量系统正朝着智能化、网络化方向发展，其性能不断提高，成本逐渐降低，成为现代制造业不可或缺的一部分。

测振传感器是振动测试的关键部件，其基于特定的物理效应来感知机械振动。在测振传感器的工作原理部分重点介绍了常用的涡流传感器、光电式转速传感器、磁电式速度传感器、压电式加速度传感器、力锤、阻抗头和超声波传感器的工作原理。这些传感器通过不同的方式将振动引起的物理量变化转化为电信号输出，进而被测量仪器接收。近年来，随着新材料和新技术的应用，测振传感器在精度、响应速度等方面取得了显著进步，为振动测试提供了更加可靠的数据来源。

正确选择适合特定任务需求的传感器对于获得准确、可靠的振动测试结果至关重要。在选择过程中，需综合考量多个方面，如被测对象的振动特性、预期测量精度、使用环境等。一般来说，应优先考虑具有较高灵敏度、良好线性和良好宽频带响应特性的传感器。此外，需注意传感器与配套设备之间的兼容性问题，确保整个测量系统的稳定运行。总之，遵循科学合理的选用原则可以有效提高振动测试的质量和效率。

习　　题

一、判断题

2-1　判断以下关于涡流传感器检测精度的叙述是否正确。

（1）涡流传感器的检测精度通常非常高，可以达到微米级。（　　）

（2）涡流传感器的检测精度取决于多种因素，包括传感器的设计、线圈的几何形状、使用的频率、目标材料的性质等。（　　）

（3）高精度的涡流传感器可以用于自动化生产线上的精密位移测量。

2-2　判断以下不同涡流传感器类型的应用是否正确。

（1）涡流传感器按激励源的波形和数量的不同可以分为正弦波涡流传感器、脉冲波涡流传感器、方波涡流传感器。（　　）

（2）使用正弦波作为激励信号的涡流传感器可以用于低稳定性的应用场合。（　　）

（3）涡流自感式线圈的输出信号是线圈阻抗的变化，这种线圈不能产生励磁磁场，只能接收涡流信号，因此适合需要简单结构和低成本的应用场景。（　　）

（4）外穿过式涡流传感器适用于检测长条形或管道状工件，内穿过式涡流传感器适用于检测空心管材或内部缺陷，放置式涡流传感器适用于检测平面或曲面工件。（　　）

（5）绝对式线圈不是单个线圈，能用于测量绝对位移或距离。（　　）

（6）标准比较式线圈使用标准件作为参考，通过比较来测量信号变化。（　　）

（7）高频反射式涡流传感器产生的磁场作用于金属表面，适用于位移测量和表面缺陷检测。（　　）

（8）低频透射式涡流传感器使用低频励磁电流，适用于检测内部缺陷和厚度测量。（　　）

2-3　判断以下关于涡流传感器的应用情况是否正确。

（1）涡流传感器能用于监测大型旋转机械和往复式运动机械的状态，如轴的径向振动、振幅、轴向位置等。（　　）

（2）涡流传感器能够在线测量牵引电动机、汽轮机、水轮机和鼓风机等的转速，实现系统保护。（　　）

（3）由于涡流传感器的工作原理是电磁感应，因此只能用于检测金属板的厚度。（　　）

（4）涡流传感器可用于材质识别，能根据涡流响应的不同来区分金属材料。（　　）

二、多选题

2-4　涡流传感器的应用场合有（　　）。

A. 位移测量：在机械加工、自动化装配线中测量零件的位移或间隙

B. 厚度测量：在钢铁厂或汽车制造中用于检测金属板或涂层的厚度

C. 缺陷检测：在无损探伤中用于检测金属部件的裂纹、孔洞等缺陷

D. 材质识别：根据涡流响应的不同来区分金属材料

E. 转速测量：通过检测旋转部件（如齿轮或轴）上的标记来测量转速

2-5　光电式转速传感器具有高精度、高可靠性和非接触式等特点，可用于（　　）。

A. 各种机械装置（如电动机、齿轮箱、泵、风扇等）转速的监控和控制

B. 列车轮转速的监测，确保行车安全

C. 精密加工设备（如机床、磨床等）的转速控制

D. 飞行器发动机的转速监测和控制

E. 某些医疗设备（如血液分析仪等）的转速控制

2-6　以下属于光电式转速传感器应用的有（　　）。

A. 光电鼠标器

B. 火灾报警

C. 防盗报警

D. 光控灯座

E. 光电开关

2-7　以下属于磁电式速度传感器应用的有（　　）。

A. 汽车发动机转速监测

B. 物料输送速度监控

C. 风力发电动机轴转速监控

D. 工件加工转速监控

E. 地面振动测量

2-8　以下属于压电式加速度传感器应用的有（　　）。

A. 旋转机械、压缩机、泵、发动机等设备的振动监测

B. 桥梁、建筑物、大坝等结构的振动监测

C. 车辆悬架系统、发动机振动分析及碰撞测试等

D. 飞机和火箭发射平台的振动监测

E. 生物医学领域的应用，如步态分析、跌倒检测

2-9　以下属于超声传感器应用的有（　　）。

A. 检测车辆与障碍物的距离，帮助驾驶人安全停车

B. 测量容器中的液位高度

C. 测量物体的尺寸，如厚度、直径等

D. 用于医学诊断，如 B 超检查

E. 用于车辆防撞系统

三、简答题

2-10　振动测量系统由哪些部分组成？画出系统组成框图，并说明各部分的功能。

2-11　涡流传感器的工作原理是什么？

2-12　涡流传感器能用于非金属材料的检测吗？为什么？

2-13　什么是标准渗透深度？标准渗透深度的计算公式是什么？说明式中各项的含义。

2-14　说明光电式转速传感器的工作原理。

2-15 光电式转速传感器有哪几种类型？各有什么特点？

2-16 说明磁电式速度传感器的工作原理及应用场合。

2-17 说明压电式加速度传感器的工作原理。

2-18 说明超声波传感器的工作原理。

2-19 说明压电式加速度传感器与超声波传感器之间的异同点。

2-20 传感器的选用原则有哪些？

2-21 什么是滤波器的分辨力？其与哪些因素有关？

2-22 传感器稳定性的影响因素有哪些？如何消除这些影响？

四、计算题

2-23 当涡流传感器的激励频率为100kHz时，根据标准渗透深度的计算公式，涡流在铜中的标准渗透深度是多少？比标准渗透深度更深的裂纹或缺陷能用涡流传感器检测到吗？为什么？

五、应用题

2-24 线性度计算及性能判断

假设有一压力传感器，其标称输出电压为0～5V，对应0～100kPa的输入压力。在进行校准时，记录了以下几组输入数据和输出数据（表2-1）。

表2-1 输入数据和输出数据

输入压力/kPa	0	20	40	60	80	100
输出电压/V	0	1.01	2	3.02	4	4.99

(1) 根据上述数据，计算该传感器的线性度。

(2) 如果该传感器的理想输出与输入呈线性关系，那么实际输出与理想输出的最大偏差是多少？

(3) 如果该传感器的线性度要求小于±0.5%，它是否满足要求？

提示：

理想直线可以通过最小二乘法拟合得出，或者使用端点连线作为近似。

2-25 传感器的选择

假设需要选择一传感器来监测储罐内的液位。储罐最大高度为2m，液体密度为$1g/cm^3$。现有两种传感器可供选择：压力传感器和电容式液位传感器。请根据以下信息决定应选择哪种传感器。

(1) 压力传感器：量程为0～200kPa，灵敏度为0.1V/kPa。

(2) 电容式液位传感器：量程为0～2m，灵敏度为100mV/cm。

请问：

(1) 使用压力传感器时，传感器的最大输出电压是多少？

(2) 这两种传感器哪一种更适合监测储罐内的液位？为什么？

(3) 如果选择压力传感器，那么为了达到±1mm的精度要求，还需要考虑哪些因素？

2-26　传感器的判断

假设有一温度传感器，其量程为−20～100℃，分辨率为0.1℃，精度为±0.5℃，工作温度范围为−40～125℃，供电电压为5V(1±10%)。

需要使用这种传感器在一恒温箱中测量温度，恒温箱的设定温度为30℃，实际温度波动范围为±0.1℃。

请问：

(1) 在这种情况下，该传感器是否适用于测量恒温箱内的温度？为什么？

(2) 如果恒温箱的实际温度波动范围改变±1℃，该传感器是否仍然适用？为什么？

(3) 为了提高测量精度，还可以采取哪些措施？

2-27　现有一批涡轮机叶片，需要检测其是否有裂纹，请举出两种以上检测方法，并阐明所用传感器的工作原理。

2-28　在轧钢过程中，需要监测薄板的厚度，宜采用哪种传感器？说明其工作原理。

第3章 机械测控系统实训

3.1 实训项目1：机械结构固有模态分析

3.1.1 实训目的

1. 掌握模态分析和参数识别的基本原理，以及构件固有频率、阻尼及振型的测量方法。
2. 熟悉模态分析系统的组成、安装和调整方法。
3. 掌握激振器、传感器与数据采集装置的使用方法。

3.1.2 实验原理

1. 模态分析和参数识别的基本原理

模态分析是一种把复杂的实际结构简化成模态模型来进行系统的参数识别（系统识别），从而大大简化系统数学运算的方法。模态分析通过实验测得实际响应来寻求相应的模型或调整预想的模型参数，使其成为实际结构的最佳描述。

实际工程中的振动系统都是连续弹性体，只有掌握无限多个点在每瞬时的运动情况，才能全面描述系统的振动。因此，理论上它们都属于无限多自由度的系统，需要用连续模型加以描述。但实际上常采用简化方法，归结为有限个自由度的模型进行分析，即将系统抽象为由一些集中质量块和弹性元件组成的模型。如果简化的系统模型中有 n 个集中质量块，则其是 n 自由度系统，需要 n 个独立坐标来描述其运动，系统的运动方程是 n 个二阶互相耦合（联立）的常微分方程。模态分析是在承认实际结构可以运用所谓模态模型来描述其动态响应的条件下，通过对实验数据的处理和分析，寻求其模态参数，它是一种参数识别的方法。模态分析的实质是坐标转换，其目的在于把原来在物理坐标系统中描述的响应向量放到所谓模态坐标系统中来描述。这一坐标系统的每一个基向量恰好是振动系统的一个特征向量。也就是说，在这个坐标下，振动方程是一组互无耦合的方程，分别描述振动系统的各阶振动形式，每个坐标均可单独求解，得到系统的某阶结构参数。经离散化处理后，一个结构的动态特性可由 n 阶矩阵微分方程描述，即

$$\boldsymbol{M}\ddot{\boldsymbol{x}}+\boldsymbol{C}\dot{\boldsymbol{x}}+\boldsymbol{K}\boldsymbol{x}=\boldsymbol{f}(t) \tag{3-1}$$

式中，$\boldsymbol{f}(t)$ 为 n 维激振向量；$\ddot{\boldsymbol{x}}$、$\dot{\boldsymbol{x}}$、$\boldsymbol{x}$ 分别为 n 维加速度向量、速度向量、位移向量；$\boldsymbol{M}$、$\boldsymbol{C}$、$\boldsymbol{K}$ 分别为结构的质量矩阵、阻尼矩阵、刚度矩阵，它们通常都为实对称矩阵。

设系统的初始状态为零，对式（3-1）两边进行拉普拉斯变换，可以得到以复数 s 为变量的矩阵代数方程，即

$$(\boldsymbol{M}s^2+\boldsymbol{C}s+\boldsymbol{K})\boldsymbol{x}(s)=\boldsymbol{F}(s) \tag{3-2}$$

式中的矩阵

$$\boldsymbol{Z}(s)=(\boldsymbol{M}s^2+\boldsymbol{C}s+\boldsymbol{K}) \tag{3-3}$$

反映了系统动态特性，称为系统动态矩阵或广义阻抗矩阵。其逆矩阵

$$\boldsymbol{H}(s)=(\boldsymbol{M}s^2+\boldsymbol{C}s+\boldsymbol{K})^{-1} \tag{3-4}$$

称为广义导纳矩阵，也就是传递函数矩阵。

由式（3-2）和式（3-4）可知，

$$\boldsymbol{X}(s)=\boldsymbol{H}(s)\boldsymbol{F}(s) \tag{3-5}$$

令 $s=j\omega$，即可得到在频域中输出响应向量 $\boldsymbol{X}(\boldsymbol{\omega})$ 和输入向量 $\boldsymbol{F}(\boldsymbol{\omega})$ 的关系，即

$$\boldsymbol{X}(\boldsymbol{\omega})=\boldsymbol{H}(\boldsymbol{\omega})\boldsymbol{F}(\boldsymbol{\omega}) \tag{3-6}$$

式中，$\boldsymbol{H}(\boldsymbol{\omega})$ 为频率响应函数矩阵。

$\boldsymbol{H}_{ij}(\boldsymbol{\omega})$ 为矩阵中第 i 行第 j 列的元素，有

$$\boldsymbol{H}_{ij}(\boldsymbol{\omega})=\frac{\boldsymbol{X}_i(\boldsymbol{\omega})}{\boldsymbol{F}_j(\boldsymbol{\omega})} \tag{3-7}$$

其等于仅在 j 坐标激振（其余坐标激振为零）时，i 坐标响应与激振力之比。

在式（3-3）中，令 $s=j\omega$，可得阻抗矩阵

$$\boldsymbol{Z}(\boldsymbol{\omega})=(\boldsymbol{K}-\omega^2\boldsymbol{M})+j\omega\boldsymbol{C} \tag{3-8}$$

利用实对称矩阵的加权正交性，有

$$\boldsymbol{\Phi}^{\mathrm{T}}\boldsymbol{M}\boldsymbol{\Phi}=\begin{bmatrix}\ddots & & \\ & m_r & \\ & & \ddots\end{bmatrix}\boldsymbol{\Phi}^{\mathrm{T}}\boldsymbol{K}\boldsymbol{\Phi}=\begin{bmatrix}\ddots & & \\ & k_r & \\ & & \ddots\end{bmatrix}$$

其中，矩阵 $\boldsymbol{\Phi}=[\boldsymbol{\phi}_1,\boldsymbol{\phi}_2,\cdots,\boldsymbol{\phi}_N]$ 为振型矩阵。

假设阻尼矩阵 $\boldsymbol{C}$ 也满足振型正交性关系，有

$$\boldsymbol{\Phi}^{\mathrm{T}}\boldsymbol{C}\boldsymbol{\Phi}=\begin{bmatrix}\ddots & & \\ & c_r & \\ & & \ddots\end{bmatrix}$$

代入式（3-8），得到

$$\boldsymbol{Z}(\boldsymbol{\omega})=\boldsymbol{\Phi}^{-\mathrm{T}}\begin{bmatrix}\ddots & & \\ & z_r & \\ & & \ddots\end{bmatrix}\boldsymbol{\Phi}^{-1} \tag{3-9}$$

其中，

$$z_r=(k_r-\omega^2 m_r)+j\omega c_r$$

$$\boldsymbol{H}(\boldsymbol{\omega})=\boldsymbol{Z}(\boldsymbol{\omega})^{-1}=\boldsymbol{\Phi}\begin{bmatrix}\ddots & & \\ & z_r & \\ & & \ddots\end{bmatrix}\boldsymbol{\Phi}^{\mathrm{T}}$$

因此，

$$\boldsymbol{H}_{ij}(\boldsymbol{\omega})=\sum_{r=1}^{N}\frac{\phi_{ri}\phi_{rj}}{m_r[(\omega_r^2-\omega^2)+j2\xi_r\omega_r\omega]} \tag{3-10}$$

其中，

$$\omega_r^2=\frac{k_r}{m_r},\quad \xi_r=\frac{c_r}{2m_r\omega_r}$$

式中，m_r 和 k_r 分别为第 r 阶模态质量和模态刚度（又称广义质量和广义刚度）；ω_r、ξ_r、φ_r 分别为第 r 阶模态频率、模态阻尼比、模态振型。

实验模态分析或模态参数识别的任务就是由一定频段内的实测频率响应函数（以下简称频响函数）数据来确定系统的模态参数——模态频率 ω_r、模态阻尼比 ξ_r 和模态振型 $\varphi_r=(\varphi_{r1},\varphi_{r2},\cdots,\varphi_{rn})^{\mathrm{T}}$，$r=1,2,3,\cdots,n$（$n$ 为系统在测试频段内的模态数）。

n 自由度系统的频率响应等于 n 个单自由度系统频率响应的线性叠加。为了确定全部模态参数：ω_r、ξ_r、φ_r（$r=1,2,\cdots,n$），实际上只需测量频率响应矩阵的一列［对应一点激振，各点测量的 $\boldsymbol{H}(\boldsymbol{\omega})$］或一行［对应依次各点激振，一点测量的 $\boldsymbol{H}(\boldsymbol{\omega})^{\mathrm{T}}$］即可。

2. 模态分析方法和测试过程

（1）激励方法。

为进行模态分析，首先要测得激振力及相应的响应信号，再进行传递函数分析。传递函数分析实质上是机械导纳，i 点和 j 点之间的传递函数表示在 j 点作用单位力时，在 i 点所引起的响应。要得到 i 点和 j 点之间的机械导纳，只要在 j 点加频率为 ω 的正弦的力信号激振，而在 i 点测量其引起的响应，从而得到传递函数曲线上的一个点；如果 ω 是连续变化的，则分别测量其相应的响应，从而得到传递函数曲线。

建立结构模型，采用适当的方法进行模态拟合，得到各阶模态参数和相应的模态振型动画，形象地描述系统的振动型态。

根据模态分析的原理，要测得传递函数模态矩阵中的任一行或任一列，可采用不同的测试方法。要得到矩阵中的任一行，可采用各点轮流激励、一点测量响应的方法；要得到矩阵中任一列，可采用一点激励、多点测量响应的方法。

在实际应用时，单击拾振法常用锤击法激振，适用于轻巧、小型及阻尼较小的系统。对于笨重、大型及阻尼较大的系统，则常用固定点激振的方法，用激振器激励，以提供足够的能量。

在结构振动分析中，即使是相同的固有频率，结构系统也可能有多个模态，单点激振不能把它们分离出来，这时就需要采用多点激振的方法，采用两个甚至更多的激励来激发结构的振动。

（2）结构安装方式。

在测试中使结构系统处于何种状态是试验准备工作的一个重要方面。一种经常采用的状态是自由状态，即使试验对象在任一坐标上都不与地面相连而自由地悬浮在空中，如放在很软的泡沫塑料上，或用很长的柔索将结构吊起而在水平方向上激振（可认为在水平方向上处于自由状态）。另一种是地面支承状态，即结构上有一点或若干点与地面固结。如果要确定在实际情况支承条件下的模态，则可在实际支承条件下进行试验。但最好还是以自由支承为佳，因为自由状态具有更多的自由度。

3.1.3 模态分析系统的组成

模态分析的目的是通过对结构进行动力学特性研究，确定其固有频率、阻尼比及模态形状等关键参数。这一过程有助于了解结构在动态载荷下的响应行为，从而可以在设计阶段评估结构的稳定性和安全性，预防共振现象的发生，改进设计，确保产品性能符合预期。模态分析不仅可以帮助工程师验证理论模型与实际情况的一致性，还可以用于故障诊断、健康监测及优化设计等，是现代工程中不可或缺的一项技术。

为了达到模态分析的目的，获取动态响应，需要如下振动测试专业设备用于模态分析。

（1）振动测试与控制实验台。

振动测试与控制实验台由弹性体系统组成。

（2）激振系统。

激振系统即激振源后激振器，用于向被测结构施加激励，从而产生振动。激振系统可以是电磁激振器、液压激振器，也可以是偏心振动电动机、力锤等。通过控制输入信号的频率、幅值和相位，可以精确地激励结构的不同模态。

（3）测振系统。

测振系统即传感器或拾振器，常用的传感器有加速度传感器、速度传感器、位移传感器等，它们被固定在结构的不同位置上，用来检测结构受到激励后的响应。这些传感器能够捕捉结构振动时的加速度、速度或位移变化。

（4）动态信号测试分析系统。

动态信号测试分析系统包括信号适调器、数据采集分析仪、计算机系统、控制与基本分析软件、模态分析软件等。它是一种多功能的动态信号测试分析系统，广泛应用于多个领域的测试与分析工作。该系统能够完成应力应变、振动（包括加速度、速度、位移）、冲击、声学、温度（支持多种类型的热电偶和铂电阻）、压力、流量、力、转矩、电压、电流等多种物理量的测量与分析。

动态信号测试分析系统实物如图 3.1 所示，该系统的主要功能和组成部分如下。

① 数据采集：通过内置的高精度传感器和信号调理电路，将被测的声信号或振动信号转换为数字信号。这些传感器可以是加速度传感器、应变片、热电偶、压力传感器等，能够捕捉信号的细微变化。

② 数字信号处理：采集到的数字信号由内部的数字信号处理器进行处理和分析，包括滤波、放大、降噪等，以提高信号的质量和精度。

③ 通信接口：处理后的数据通过 USB 接口传输到计算机或其他外部设备，以便进一

步分析、可视化处理并存储。

④ 软件支持：所有的分析和显示功能均通过配套的软件来实现。软件提供了丰富的功能，包括但不限于频谱分析、时域分析、振动模态分析、信号滤波等，能够帮助用户深入理解测试结果。

图 3.1 动态信号测试分析系统实物

动态信号测试分析系统的工作流程大致如下。

① 信号采集：通过各种类型的传感器捕捉待测信号。

② 信号调理：将模拟信号转换为数字信号，并对其进行初步处理，如滤波、放大等。

③ 数字信号处理：使用内置的数字信号处理器对数字信号进行进一步处理，以提取有效信息。

④ 数据传输：处理后的数据通过 USB 接口传输到计算机。

⑤ 数据分析与显示：在计算机上使用专用软件对数据进行分析和可视化处理。

3.1.4 实训内容

1. 搭建振动台测试系统及仪器调试

(1) 实验目的。

① 熟悉振动台的搭建步骤、方法及工作原理。

② 掌握常用传感器及测量仪器的使用方法。

(2) 实验步骤。

DHVTC 振动台测试系统如图 3.2 所示。

振动测试与控制实验台由弹性体系统（如简支梁/悬臂梁、薄壁圆板、三自由度系统等）组成，配以主动隔振、被动隔振用的空气阻尼减振器、动力吸振器等；激振系统包括 DH1301 型扫频信号发生器、DH40020 型接触式激振器、JZF－1 型非接触式激振器、偏心振动电动机、电机调压器、力锤等；测振系统包括 DH620 型磁电式速度传感器、DH187 型压电式加速度传感器、DH902 型电涡流位移传感器、力传感器；动态信号测试分析系统包括信号适调器、数据采集装置、计算机及分析软件、模态分析软

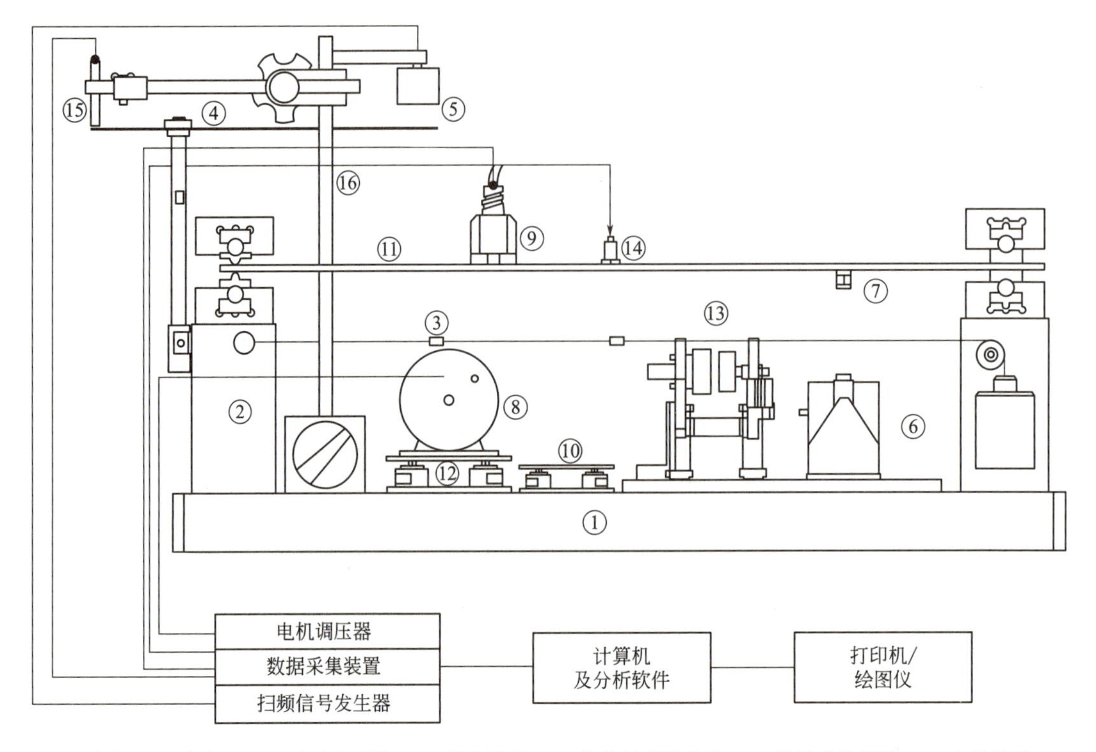

1—底座；2—支座；3—三自由度系统；4—薄壁圆板；5—非接触式激振器；6—接触式激振器；7—力传感器；8—偏心振动电动机；9—磁电式速度传感器；10—被动隔振系统；11—简支梁/悬臂梁；12—主动隔振系统；13—单/双自由度系统；14—压电式加速度传感器；15—电涡流位移传感器；16—磁性表座。

图 3.2 DHVTC 振动台测试系统

件等。

下面介绍主要设备的使用方法。

(1) DH1301 型扫频信号发生器的使用方法如下。

先将 DH1301 型扫频信号发生器信号源接通电源，并处于关闭状态，用激振器信号输入线连接激振器与 DH1301 型扫频信号发生器后端的功率输出接线柱，然后打开电源开关，设置一个自定义的正弦定频信号，仪器进入正常工作状态。

(2) DH40020 型接触式激振器的使用方法如下。

将 DH40020 型接触式激振器与被测物体可靠连接。按图 3.2 所示接好配置仪器，启动激振器信号源，设定相应的激振频率，即可实现对试件的激振。

【拓展视频】

(3) 偏心振动电动机和电机调压器的使用方法如下。

偏心振动电动机适用于单相直流电源供电，其转速随负载或电源电压的变动而变化。用改变电源电压的方法（使用电机调压器）调节电动机转速，使其转速可在 0～8000r/min 调节。转速的改变使偏心振动电动机偏心质量块的离心力的大小和频率发生改变，利用偏心质量块的离心力，即可实现对试件的激振。

(4) DH187 型压电式加速度传感器的使用方法如下。

将 DH187 型压电式加速度传感器接入动态信号测试分析系统，输入传感器灵敏度，即可测量振动加速度。

(5) DH902型电涡流位移传感器的使用方法如下。

【拓展视频】

将电涡流位移传感器接到专用的前置器上，用专用的连接线连接数据采集装置和电涡流位移传感器的前置器，输入灵敏度（输入方式为SIN-DC)，即可测量位移。

(6) 力锤的使用方法如下。

【拓展视频】

将力锤接入动态信号测试分析系统，按要求设置相关参数，即可对试件进行激励。有关力锤的基础知识参见2.2.5节相关部分所述。

(7) 动态信号测试分析系统的使用方法如下。

仪器与传感器通过适调器或连接线连接，接上电源，启动仪器，安装1394驱动（若为以太网口，则跳过），打开软件进行信号采集等操作。

2. 锤击法简支梁模态测试

(1) 实验目的。

① 熟悉锤击法模态分析原理。

② 掌握锤击法模态测试及分析方法。

(2) 实验仪器安装。

如图3.3所示，安装好力传感器、压电式加速度传感器和简支梁，连接好传感器和数据采集装置、计算机及分析软件，即可开始实验。注意此时简支梁两端的约束是固定铰支。先用六角螺钉旋具将简支梁两端的夹具体松开；然后翻转夹具体，使夹具体的圆柱状部分和简支梁上下表面接触，改变约束方式为固定铰支；最后重新把夹具体固定好。

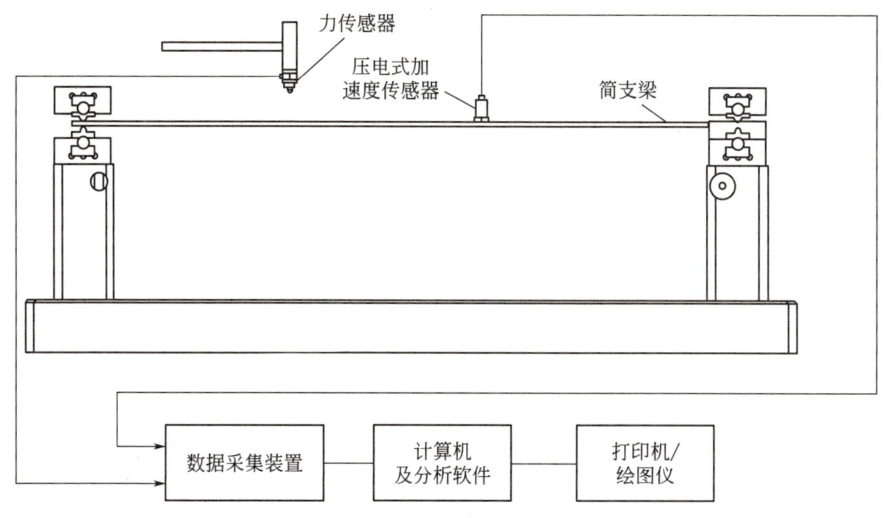

图3.3 锤击法简支梁模态测试实验仪器安装

(3) 实验步骤。

【拓展视频】

如图3.4所示，简支梁长为640mm（x方向），宽为56mm（y方向），欲用多点敲击、单点响应方法激励其z方向的振动模态，可按以下步骤进行。

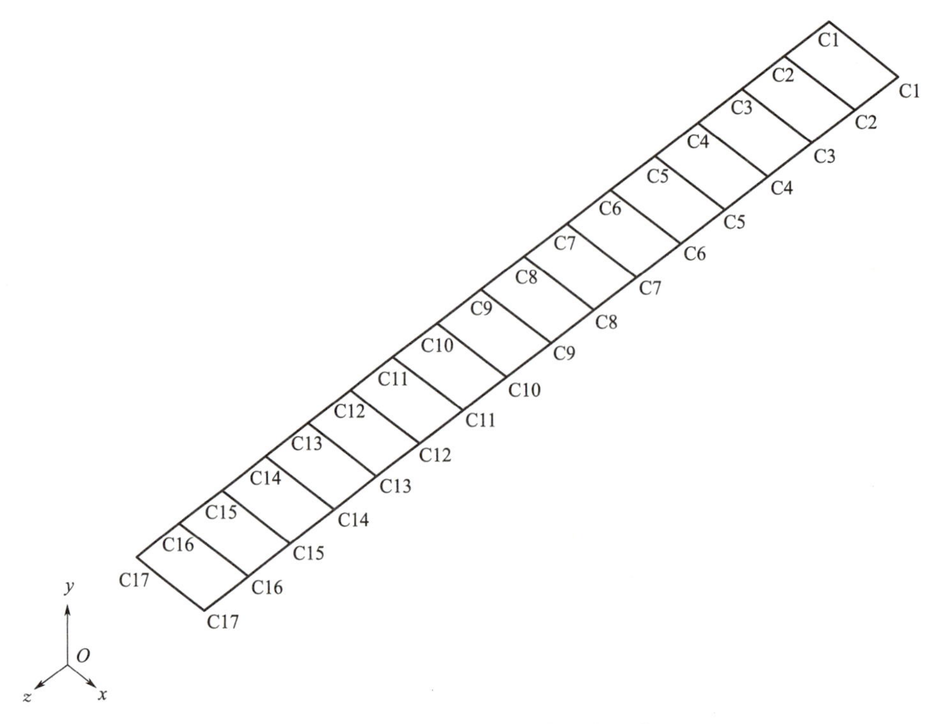

图 3.4　简支梁的结构和测点分布示意图

① 测点的确定。

因简支梁在 y 方向、z 方向和 x 方向上的尺寸相差较大，可以简化为杆件，故只需在 x 方向顺序布置若干测点即可，测点的数目视要得到的模态阶数而定，测点数目要多于所要求的阶数，这样得出的高阶模态结果才可信。此例中在 x 方向把简支梁等分成 16 份，即可布置 17 个测点。选取拾振点时要尽量避免在模态振型节点上的拾振点，此处取拾振点在 6 号测点处。

② 仪器连接。

如图 3.5 所示，力传感器连接动态信号测试分析系统的第一通道（振动测量通道），压电式加速度传感器连接第二通道（振动测试通道）。

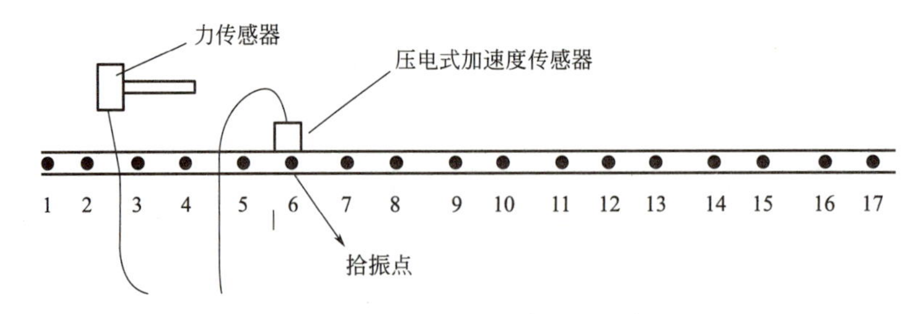

图 3.5　仪器连接及传感器分布

③ 打开仪器电源。

启动 DHDAS 控制分析软件，选择频响分析功能，在弹出的六个窗口内，分别显示

1－1通道的示波、1－2通道的示波、1－1通道的触发数据、1－2通道的触发数据、频响函数数据和相干函数。

④ 参数设置。

【拓展视频】

打开动态信号测试分析系统的电源，启动DHDAS软件，选择“模拟通道”，设置采样频率、量程、传感器灵敏度、输入方式等参数。

采样频率一般设置为采集信号的10～20倍，保证采集信号没有幅值失真。量程范围一般设置为采集信号的1.5倍，保证较高的信噪比。工程单位根据实际物理量设置，传感器灵敏度根据传感器铭牌设置。

设置完毕后，在“频响分析”→“新建”→“输入”添加“AI1－1”，在“输出”添加“AI1－2”，正确输入测点方向。在“储存方式”设置“信号触发”；在“触发通道”选择“AI1－1”；在“触发量级”选择“10%”；在“延迟点数”设置“负延迟200点”；在“平均次数”设置“10”，即每个测点取10次频响数据进行平均处理，若时间允许的话，可以多取几次频响数据再取平均。选择“手动确认/滤除”，相当于预览效果，满意则确认保存，不满意则重新测试。设置完毕后进入测量界面。

注意事项如下。

【拓展视频】

a. 当力锤移动到其他点进行锤击测量时，必须相应修改力锤通道的模态信息/节点栏内的测点编号。每次移动力锤后都要新建文件。

b. 用力锤锤击各测点，观察有无波形，如果有一个或两个通道无波形或波形不正常，就要检查仪器连接是否正确，导线是否接通，传感器、仪器的工作是否正常，等等，直至波形正确为止。使用适当的锤击力锤击各测点，调节量程范围，直到力的波形和响应的波形既不过载又不过小。

c. 选择“手动确认/滤除”后，软件在每次锤击采集数据后，提示是否保存该次试验数据。需要学生判断锤击信号和响应信号的质量，判断原则为：力锤信号无连击，振动信号无过载。

⑤ 数据预处理。

a. 调节采样数据。

b. 数据采样完成后，重新检查采样数据并回放计算频响函数数据。一通道的力信号加力窗，将力窗窗宽调整合适；对响应信号加指数窗。

c. 设置完成后，回放数据重新计算频响函数数据。

⑥ 模态分析。

a. 几何建模：自动创建矩形模型，输入模型的长宽参数及分段数；打开节点坐标栏，编写测点号。

b. 导入频响函数数据：从上述实验得到数据文件，将每个测点的频响函数数据读入模态软件，注意选择测量类型，即单点拾振测量。

c. 参数识别：首先用光标选择一个频段的数据，单击“参数识别”按钮，搜索峰值，计算频率阻尼及留数（振型）。

⑦ 振型编辑。

模态分析完毕后可以观察、打印并保存分析结果，也可以观察模态振型的动画显示。图3.6所示为简支梁前四阶振型图。

(a) 简支梁第一阶振型图

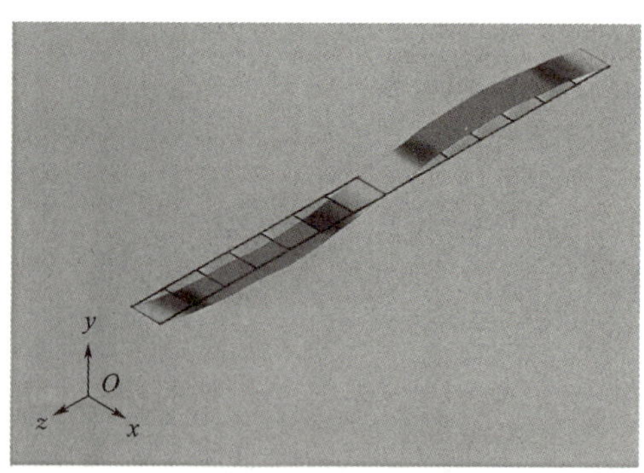

(b) 简支梁第二阶振型图

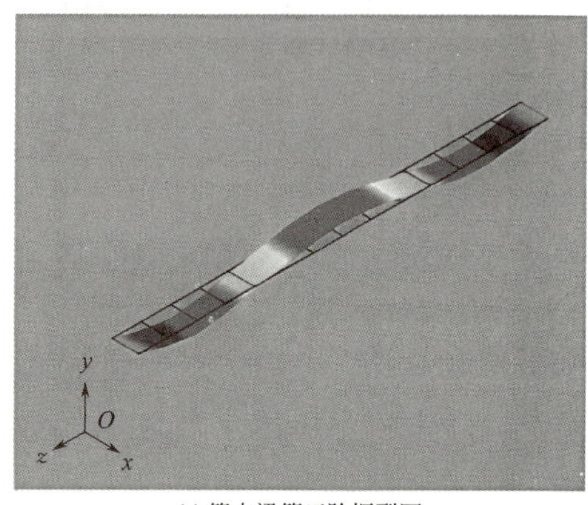

(c) 简支梁第三阶振型图

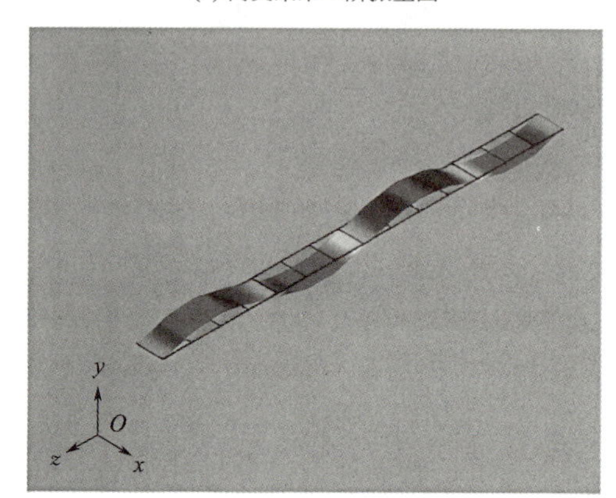

(d) 简支梁第四阶振型图

图 3.6　简支梁前四阶振型图

⑧ 动画显示。

打开振型表文件和几何模型窗口，在振型表文件窗口内，按数据匹配命令，将模态参数数据分配给几何模型的测点。进入几何模型窗口，单击“动画显示”按钮，几何模型将相应模态频率的振型以动画显示出来。在振型表文件内单击选择不同的模态频率，几何模型上就相应地将其对应的振型显示出来。在几何模型窗口内，使用相应按钮可以更换并选取显示方式（单视图、多模态和三视图），改变显示色彩方式、振幅、速度、大小及几何位置。

（4）实验结果和分析。

① 记录模态参数。

锤击法简支梁模态测试分析结束后，将测试结果记录在表 3－1 中。

表 3－1　锤击法简支梁模态测试结果

模态参数	第一阶	第二阶	第三阶	第四阶	第五阶
频率					
阻尼比					

② 打印各阶振型图。

3. 锤击法两端固定梁模态测试

(1) 实验目的。

① 学习锤击法模态分析原理。

② 学习锤击法模态测试及分析方法。

(2) 实验仪器安装。

如图 3.7 所示，安装好实验仪器，即可开始实验。注意此时两端固定梁的约束是固定端约束。先将夹具体松开，然后翻转夹具体，使夹具体的平整部分和横梁上下表面接触，最后重新把夹具体固定好。

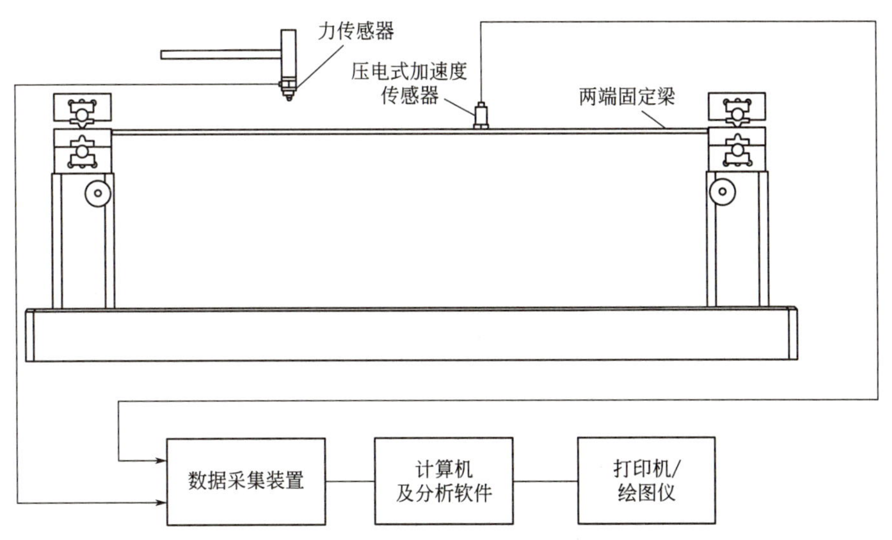

图 3.7　锤击法两端固定梁模态测试实验仪器安装

(3) 实验步骤。

与锤击法简支梁模态测试的实验步骤相同。

(4) 实验结果和分析。

① 记录模态参数。

两端固定梁模态测试分析结束后，将测试结果记录在表 3-2 中。

表 3-2　锤击法两端固定梁模态测试结果

模态参数	第一阶	第二阶	第三阶	第四阶	第五阶
频率					
阻尼比					

② 打印各阶振型图。

4. 锤击法悬臂梁模态测试

(1) 实验目的。

① 熟悉锤击法模态分析原理和测试方法。

② 掌握锤击法悬臂梁模态测试过程。

(2) 实验仪器安装。

如图 3.8 所示，安装好实验仪器，即可开始实验。注意此时悬臂梁只有一端的约束是固定端约束，按前述方法，将悬臂梁右端变为固定端约束，左端处于无约束状态。

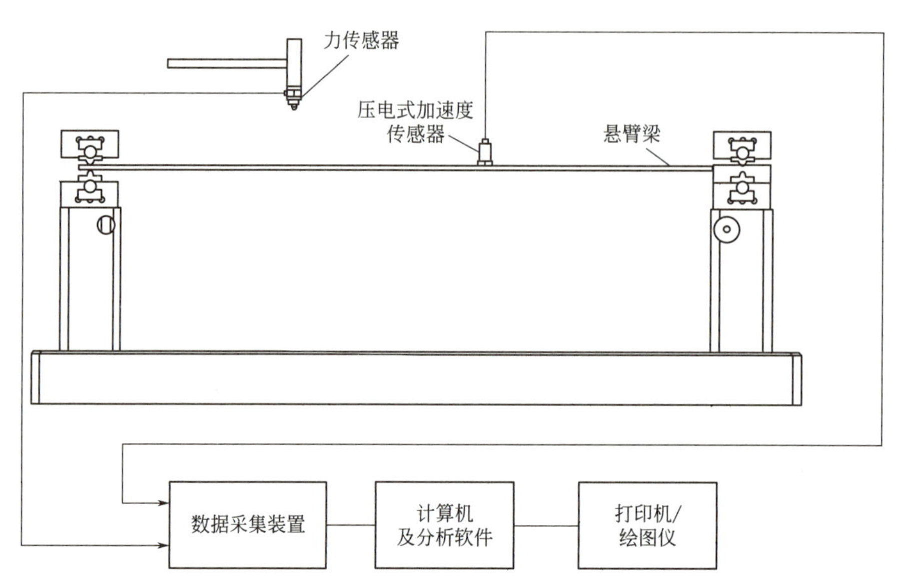

图 3.8　锤击法悬臂梁模态测试实验仪器安装

(3) 实验步骤。

与锤击法简支梁模态测试的实验步骤相同。

(4) 实验结果和分析。

① 记录模态参数。

锤击法悬臂梁模态测试分析结束后，将测试结果记录在表 3-3 中。

表 3-3　锤击法悬臂梁模态测试结果

模态参数	第一阶	第二阶	第三阶	第四阶	第五阶
频率					
阻尼					

② 打印各阶振型图。

悬臂梁前三阶振型图如图 3.9 所示。

5. 附加质量对系统固有频率的影响

(1) 实验目的。

① 用频响函数法确定简支梁的各阶固有频率。

② 确定附加不同质量后简支梁的各阶固有频率。

③ 比较实验所测的各阶固有频率，分析附加质量对系统固有频率的影响。

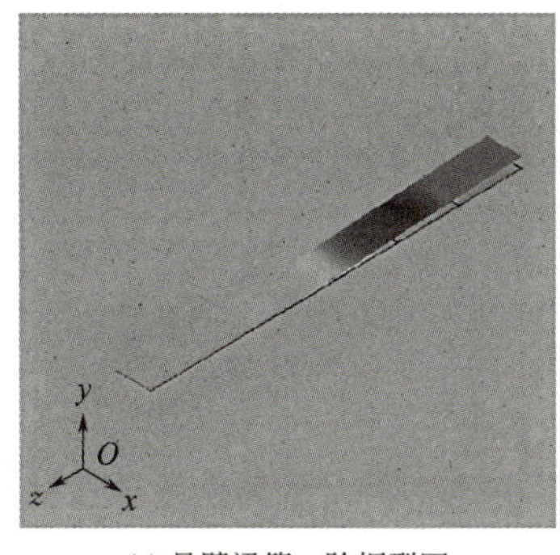

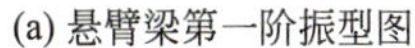
(a) 悬臂梁第一阶振型图

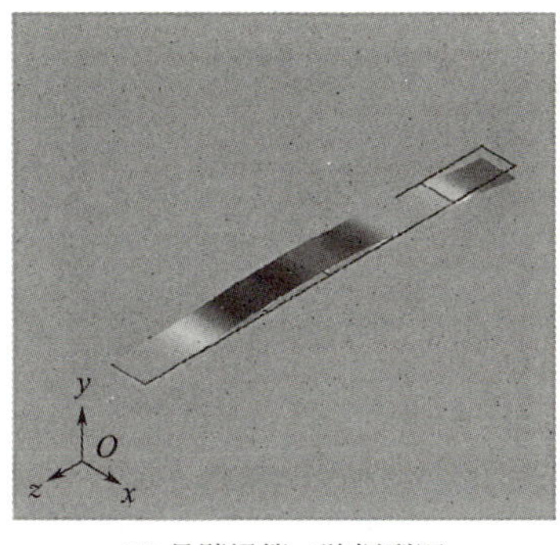

(b) 悬臂梁第二阶振型图

(c) 悬臂梁第三阶振型图

图 3.9　悬臂梁前三阶振型图

(2) 实验仪器安装。

附加质量对系统固有频率的影响的实验仪器安装可参见图 3.3、图 3.7 或图 3.8，将附加质量固定在简支梁、两端固定梁或悬臂梁上，研究不同附加质量对系统前三阶固有频率的影响。

(3) 实验原理。

本实验采用频响函数法测量简支梁及固定不同质量后的简支梁的前三阶固有频率。

(4) 实验步骤。

与锤击法简支梁模态测试的实验步骤相同。

(5) 实验结果和分析。

① 记录模态参数。

附加质量简支梁模态测试分析结束后，将测试结果记录在表 3-4 中。

表 3-4　附加质量简支梁模态测试结果

固有频率	f_1	f_2	f_3
简支梁			
附加质量 1			
附加质量 2			

② 打印各阶振型图并比较。

6. 不同激振方式对检测结果的影响

(1) 实验目的。

① 用单点激励多点拾振和单点拾振多点激励两种方式检测同一边界条件下简支梁的振动响应。

② 使用频响函数法确定简支梁的各阶固有频率，分析激振方式对简支梁的固有频率和振型的影响。

(2) 实验仪器安装。

实验仪器安装可参见图 3.3，以研究不同激振方式对检测结果的影响。

(3) 实验原理。

本实验在不同方式激振下，用频响函数法来测量简支梁及固定不同质量后的简支梁的前三阶固有频率和振型，分析激振方式对振动响应的影响。

(4) 实验步骤。

与锤击法简支梁模态测试的实验步骤相同。

(5) 实验结果和分析。

① 记录模态参数。

模态测试分析结束后，将不同激振方式下的测试结果记录在表 3-5 中。

表 3-5 不同激振方式下的测试结果

固有频率	f_1	f_2	f_3
单点激励多点拾振			
单点拾振多点激励			

② 打印各阶振型图并比较。

3.1.5 振动台模态分析实训报告

模态分析实训包括以下五个实验。

(1) 搭建转子台实验系统及仪器调试。

(2) 锤击法简支梁模态测试。

(3) 锤击法两端固定梁模态测试。

(4) 锤击法悬臂梁模态测试。

(5) 附加质量对系统固有频率的影响。

模态分析实训大组的同学，其实训内容包括以下三部分。

(1) 测试系统搭建。

(2) 从本小组五个实验中自选两个，并对两个实验结果画图进行比较，比较边界条件对振型的影响。

(3) 有条件的同学可以使用 ANSYS 有限元建模，计算某个实验的理论结果，分析理论结果和实验结果的差异，并给出解释（额外加分）。

测试系统搭建的报告内容如下。

(1) 实验目的。

(2) 实验内容。

(3) 测试系统的组成。

(4) 测试系统的搭建步骤。

① 系统组件安装步骤（给出具体过程描述，如连接方法及连接顺序）。

② 传感器连接步骤（给出具体过程描述，如连接方法及连接顺序）。

③ 注意事项。

每个自选实验项目的报告内容如下。

（1）实验目的。

（2）实验原理。

（3）测试系统的组成。

（4）实验步骤。

（5）实验结果和分析。

（6）实训总结（心得、体会、认识）。

3.2 实训项目 2：机械转子实验台的振动测试分析

3.2.1 实训目的

1. 熟悉转子实验台的系统组成、安装和调整方法。
2. 掌握转轴振动及转速的测量方法、转子不平衡故障的诊断方法。
3. 掌握激振器、传感器与动态信号测试分析系统的调试及使用方法。

3.2.2 系统组成

1. 转子实验台

转子实验台由电动机、转子、转速控制系统等组成，可以模拟转子系统的各种运行状态（包括瞬态起停机过程、稳态工况运行）和典型故障。

转子实验台配有高效率的调速电动机，通过联轴器将电动机与转轴相连，进而驱动转轴旋转。控制器接 220V 交流输入电源，经过内部的调压和整流处理，产生 PWM（脉冲宽度调制）信号来驱动调速电动机。调整控制器的设置能够实现电动机转速在 20～10000r/min 的连续可调。

转子实验台控制器的主要功能有：①电涡流位移传感器信号的预处理；②根据不同的实验需要控制转子系统的工作转速；③将输入电源的 220V 交流电处理为调速电动机可用的 PWM 信号。

2. 传感器系统

传感器系统包括电涡流位移传感器、光电式转速传感器，其主要参数见表 3-6 及表 3-7。

表 3-6 电涡流位移传感器的主要参数

产品型号	DH902	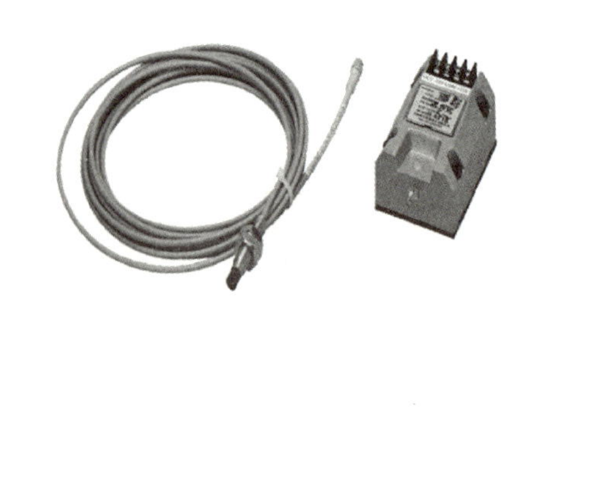
工作频率	0～10kHz	
量程	2mm	
工作温度	−20～120℃	
测量方式	非接触式测量	

表3-7 光电式转速传感器的主要参数

产品型号	DH5640	
测量方式	非接触式测量	
安全等级	本质安全型	
防爆等级	Ex iaⅡB T4	

3. 动态信号测试分析系统

动态信号测试分析系统采用振动测量模块，具有测试振动位移、转速等功能。每个通道均有独立的24位A/D，所有通道同时工作时的最高采样频率可达每通道100kHz。测量系统配有转速测量模块，具有转速脉冲整型、转速计数等功能。转速测量范围为20～10000r/min。

3.2.3 实训内容

1. 搭建转子实验台测试系统及仪器调试

(1) 实验目的。

① 掌握转子实验台的搭建步骤、方法及工作原理；

② 掌握常用传感器及测量仪器的使用方法。

(2) 实验步骤。

① 系统搭建。

转子实验台采用高性能的调速电动机，通过联轴节将电动机和转轴相连并驱动转轴转动。该电动机的额定电流为1.95A，最大输出功率为148W。控制器接220V交流输入电源，经过调压、整流后输出PWM信号供给调速电动机。通过调节控制器，可以实现电动机转速从0～8000r/min的连续可调。

如图3.10所示，转子实验台由V形底座及底座支架、调速电动机、柔性联轴节、转轴及转子圆盘、滑动轴承座、传感器支架等组成。各组成部分的作用如下。

a. V形底座及底座支架：用于支承转子实验台，并固定其他零部件。

b. 调速电动机：调速电动机固定在V形底座上，通过柔性联轴节和转轴相连，驱动转轴转动，与控制器配合实现调速。

c. 柔性联轴节：用来连接调速电动机和转轴。

d. 转轴及转子圆盘：构成转子系统，模拟旋转机械的动力特性。

e. 滑动轴承座：固定轴承和转轴。

f. 传感器支架：传感器支架主要有光电式转速传感器支架和电涡流位移传感器支架。

转子实验台测试系统的连接示意图如图3.11所示。

各部件的具体安装方法如下。

a. V形底座、底座支架和调速电动机的安装。

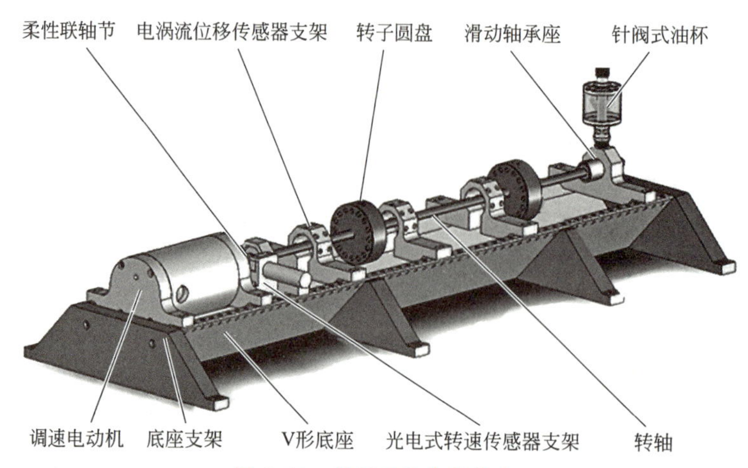

图 3.10　转子实验台的结构

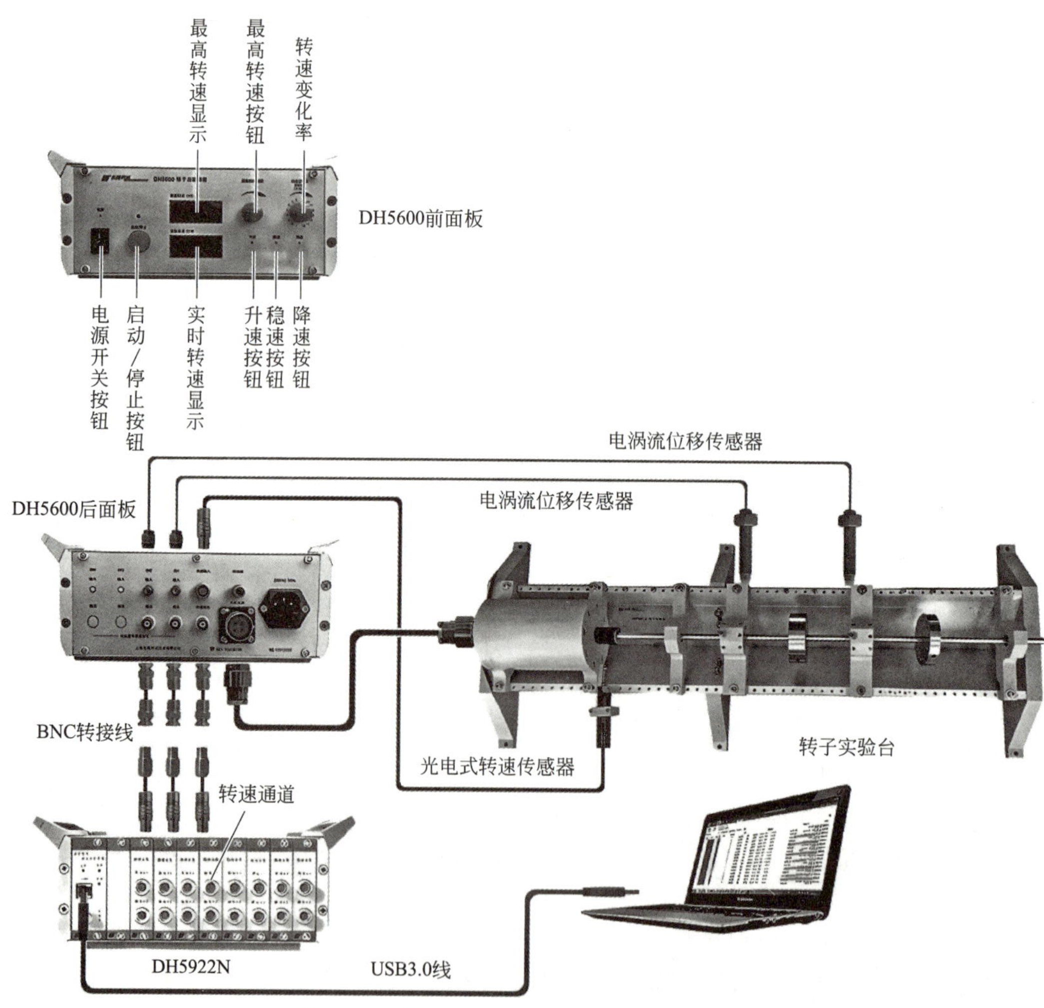

图 3.11　转子实验台测试系统的连接示意图

V 形底座及底座支架应安装在支承稳定的水平面上（有条件的情况下应固定）。在不固定的情况下，要求在底座支架下方垫上较厚实的橡皮垫，用来减振。V 形底座和调速电动机在出厂前已经安装好并调试完毕，在使用过程中严禁用户私自拆装。

b. 柔性联轴节的安装。

本转子实验台采用高强度的柔性联轴节。安装时，先将联轴节的一端安装在调速电动机转轴上，并用内六角螺栓紧固，再将转轴插入另一端，并用内六角螺栓紧固。

c. 转轴、滑动轴承座与转子圆盘的安装。

安装滑动轴承座时，注意靠近调速电动机的轴承座（轴承外径大的一端）朝向调速电动机，另一个远离调速电动机的轴承座与第一个轴承座以相反方向安装，安装位置由用户选定并通过 V 形底座定位螺纹孔固定。滑动轴承座内的轴承严禁用户私自拆装。

转子圆盘在转轴上用锥套锁紧方式固定。借助专用扳手将紧定螺钉向右旋紧即可。反之，若要拆卸或移动圆盘，则用专用扳手左旋松开紧定螺钉，转子圆盘即可在转轴上任意移动或拆卸。

安装转轴时，先从外侧轴承孔穿入，并依次装好转子圆盘，再穿过内侧轴承孔，最后连接柔性联轴节紧固。

注意：在固定或松开转子圆盘的过程中，不可用力压转轴，避免转轴受过大的横向力而弯曲，并造成永久变形；在拆装转轴的过程中，为防止可能的损坏，施力要小且尽可能沿水平方向。

d. 传感器支架及电涡流位移传感器的安装。

电涡流位移传感器支架的安装位置可由用户选定，并通过 V 形底座的螺纹孔固定。

在使用光电式转速传感器时，柔性联轴节应贴有反光贴片，使反光贴片的纵向与柔性联轴节的轴向方向一致，最好能使反光贴片的长度与柔性联轴节的长度相等。如安装正确，打开控制器，使转子实验台缓慢转动，则光电式转速传感器接收到返回信号，其后部的感应灯会不停地闪烁。

电涡流位移传感器通过固定支架上的安装孔可以安装在轴的水平位置、垂直位置或左右两侧偏 45°的位置，用于测量转轴的振动及轴心轨迹。安装时要注意遵循 API 670 的规定，径向振动传感器的安装位置与轴承的距离要在 76mm 以内。

电涡流位移传感器的探头安装在电涡流位移传感器支架的水平位置、垂直位置或左右两侧偏 45°的位置。

将电涡流位移传感器连接转子实验台控制器，并打开电源，使传感器、控制器处于工作状态，调整传感器探头与转轴外表面之间的距离，电涡流位移传感器的安装距离大约为线性区的中间值（电涡流位移传感器参数请参阅说明书），用电压表测量间隙电压，安装正确时的间隙电压约为 2.5V；或者先将所有通道（不接任何传感器）平衡、清零，再接入电涡流位移传感器，输入方式设为“DIF - DC”，采样，调节电涡流位置，使其最大值和最小值均为 0，越接近 0，测试效果越好。

启动转子实验台，使其缓慢转动，打开采样软件，检查有无输出信号及信号是否正常。若振动信号过大，接近电涡流位移传感器的安装距离或有触碰探头的情况，应立即停机，保护电涡流位移传感器并检查转子系统装配，如有故障不能排除，则与生产制造商售后服务人员联系。

注意：严禁握住转轴搬动转子实验台；转子实验台的轴承用铜头固定在轴承座上，实验前要先检查铜头的固定情况，防止松动造成轴承磨损。

② 转子实验台控制器的调试及使用。

a. 转子实验台控制器的功能。

转子实验台控制器的主要功能有对电涡流位移传感器信号进行预处理、根据不同的实验需要来控制转子系统的工作转速、将220V交流输入电源转换为适合调速电动机使用的PWM信号。

b. 控制器前面板的功能。

图3.12所示为DHRMT教学转子实验台控制器前面板，从左向右、从上而下依次为电源开关指示灯、电源开关按钮、启动/停止指示灯、启动/停止按钮、最高转速显示屏、当前转速显示屏、最高转速设置旋钮、转速变化率设置旋钮、升速指示灯、升速按钮、稳速指示灯、稳速按钮、降速指示灯、降速按钮。

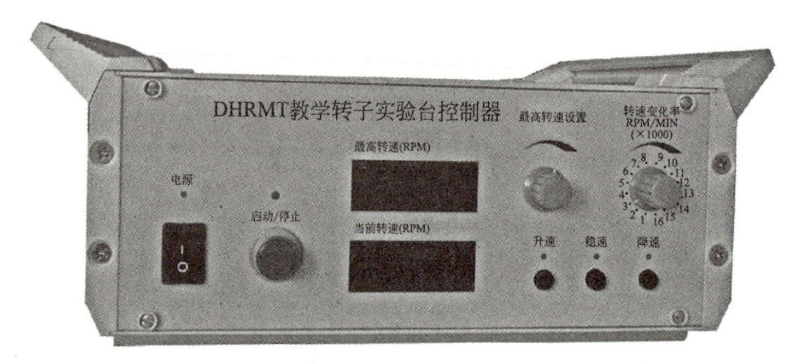

图3.12 DHRMT教学转子实验台控制器前面板

其具体功能如下。

电源开关指示灯：接通电源时，电源开关指示灯亮；断开电源时，电源指示灯灭。

电源开关按钮：通过按钮的切换实现接通和断开电源。

启动/停止指示灯：接通电源后，该指示灯亮，此时为停止状态；指示灯熄灭后为启动状态。

启动/停止按钮：用于启动或停止电动机运行，接通电源，按一下按钮为启动，再按一下按钮为停止。

最高转速显示屏：显示设定的最高转速值。

当前转速显示屏：显示运行状态下的当前电动机转速值。

最高转速设置旋钮：用于限定电动机的最高转速。

转速变化率设置旋钮：用于调整电动机升降速的快慢程度。

升速指示灯：在升速状态下亮。

升速按钮：用于调高电动机转速。

稳速指示灯：在稳速状态下亮。

稳速按钮：用于使转速稳定在当前的运行转速下。

降速指示灯：在降速状态下亮。

降速按钮：用于调低电动机转速。

图3.13所示为DHRMT教学转子实验台控制器后面板，从上而下、从左向右依次为两个电涡流位移传感器信号输入接口（L5头）、两个电涡流位移传感器信号输出接口（Q9头）、一个转速输入接口（雷莫头）、一个转速输出接口（Q9头）、接地端、电动机电源接口、电源输入端。

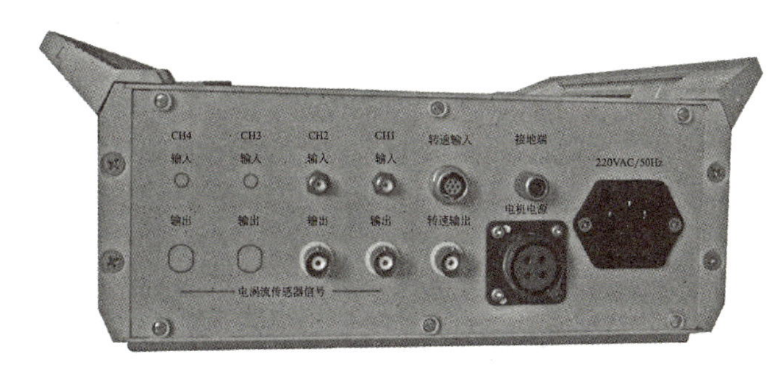

图3.13　DHRMT教学转子实验台控制器后面板

其具体功能如下。

电涡流位移传感器信号输入/输出接口：电涡流位移传感器采集到的信号通过输入端输入控制器，在控制器里完成信号调理，直接从输出端输出电压信号。

转速输入/输出接口：输入光电式转速传感器采集的转速信号，并把转速信号输出到数据采集装置。

接地端：接地输出。

电动机电源：输出直流电动机工作所需的直流电。

电源输入端：连接220V交流电源，为DHRMT教学转子实验台控制器供电。

注意：电动机电源的输出接口的输出电压为110V，在DHRMT教学转子实验台控制器电源接通的状态下，严禁触摸。

c. 控制器的操作流程。

控制器的操作流程见表3-8。

表3-8　控制器的操作流程

步骤	操作流程	描述	显示
1	开机	系统上电，控制器复位，“停止”灯亮	" " "rst"
		显示当前设定转速及当前电动机转速	"2250" "0"
2	调节设定值	调节最高电动机转速设定值（调节范围为100～9999r/min）	"1260" " "
3	按“启动”按钮	“停止”灯灭，电动机启动运行，电动机运行在低转速（自由旋转、无稳速）	"1260" "510"
4	将升降速率调节旋钮旋至期望的挡位	改变升降速率。范围为1～16，代表升速速率为1000～16000r/min	例：“6”

续表

步骤	操作流程	描述	显示
5	按“升速”按钮	“升速”指示灯亮，电动机转速上升（最大可上升到设定值）	"1260" "1260"
	升速过程中按“稳速”按钮	停止升速，稳定在当前转速，“稳速”指示灯亮	"1260" "1020"
6	按“降速”按钮	“降速”指示灯亮，电动机转速逐渐变小，最终以某一速度值低速运转，此时“稳速”指示灯亮	"1260" "510"
7	按“停止”按钮	“停止”灯亮，电动机停止运转	"1260" "0"

d. 保护状态说明。

当系统上电时，为避免意外发生，程序自动禁止电动机运行。此时，“停止”灯亮。要想启动电动机运转，只需按一下“启动”按钮。同样，若在电动机运行过程中按下“停止”按钮，则系统将进入自动保护状态，解除保护的方法同上。

若在电动机运转过程中，由于某些原因导致无法得到转速信号（3s 内），则程序自动关闭电动机控制电源，使电动机停止运转，以防意外发生。只有将转速信号调至正常才能使系统正常运行。

系统状态显示含义见表 3-9。

表 3-9　系统状态显示含义

序号	状态说明	显示
1	复位脚低电平复位	"rst"
2	电源监控复位	"P-ON"
3	丢失时钟复位	"r-2"
4	看门狗复位	"r-3"
5	JTAG 复位	"r-7"

e. 转子实验台控制器的使用注意事项。

转子实验台控制器（DH5600 型）的使用应遵守以下注意事项；否则，可能会导致内部电源控制器等损坏。

在首次开机前，先不要连接转子实验台，使用万用表分别测量转子实验台电动机的电枢线圈和励磁线圈的直流电阻。其中，电枢线圈电阻应在 100Ω 以内，转动调速电动机转轴应能观察到电阻的变化（几欧姆到几十欧姆的变化）；励磁线圈电阻应为 1～1.5kΩ。若测得任何线圈为短路，则表明调速电动机有故障，必须排除此故障才可以连接控制器和调速电动机。

线圈电阻的测量方法：将转子实验台接上控制电源线，不接控制器，直接测量端子电阻。

与转子实验台控制器相连的端子如图 3.14 所示。

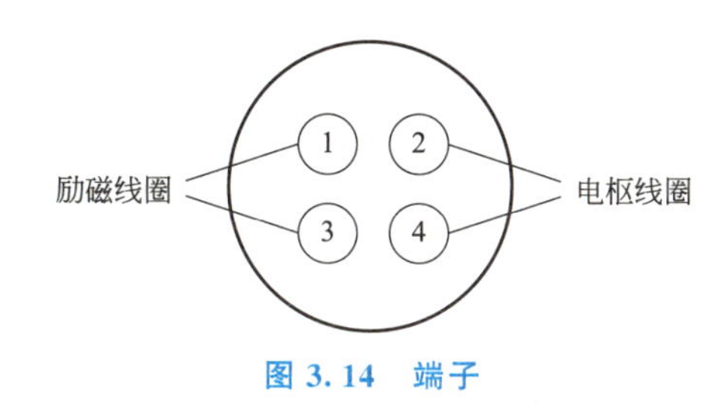

图 3.14　端子

转子实验台控制器后面板上共有两个保险丝。一个为在 220V 的交流电源输入插座上安装的型号为 T2A 的保险丝，此为 2A 的延时型保险丝，主要用于保护控制器内部的电路安全；另一个为圆形插座上安装的型号为 F2A 的保险丝，此为 2A 的快速熔断型保险丝，主要用于保护控制器内部的电动机控制电源。这两个保险丝切不可相互替换，并且严禁使用铜丝替代保险丝。

当发生保险丝熔断的情况时，应首先检查电动机连接线、电动机等外部器件是否存在故障，在确认无任何故障的情况下才可更换同型号的保险丝，或与生产制造商售后服务部门联系。

本转子实验台控制器对电动机采用能耗制动的方式。在停止对电动机供电后，由于电动机为感性负载，其自身线圈内会储存一部分能量，因此若无放电回路，则线圈产生的反电动势会对转子实验台控制器内部电路造成损坏。转子实验台控制器内部为电动机提供了一个大功率电阻对电动机线圈放电，当前转速越高，停止后放电时间越长，发热量越大。强烈建议（除紧急情况外）将转速降到最低后再按下“停止”按钮。

关机时，应在电动机停止运行的情况下关闭电源；否则，电动机会因失去励磁导致“飞车”事故，并有可能导致控制器损坏。

③ 动态信号测试分析系统的调试及使用方法。

图 3.15 所示为 DH5922N 型动态信号测试分析系统前面板。从左到右依次为 USB 3.0 接口、转速通道接口、振动通道接口。USB 3.0 接口用来连接上层计算机，进行数据的实时传输和显示，转速通道接口用来测得转子实验台调速电动机的实时转速值，振动通道接口用来测量由传感器测得的转轴振动信号。

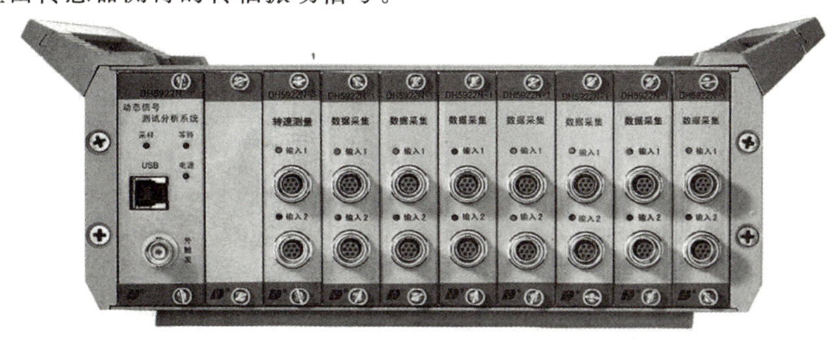

图 3.15　DH5922N 型动态信号测试分析系统前面板

与转子实验台配套的分析软件有基础平台软件、阶数分析软件及现场动平衡分析软件。其中，基础平台软件只包含标准配置模块，阶数分析软件和现场动平衡分析软件为选配模块。

a. 基础平台软件。

基础平台软件的界面如图 3.16 所示。该软件可进行快速简便的一键式可视化参数设置，在参数设置过程中实时显示振动通道工作状态；智能化的多工程数据存储管理机制可方便大型实验、多批次实验的数据处理和报告生成，可一次性完成多次测量的数据处理。该软件不仅具有高度实时性，可实时采集、实时储存、实时显示、实时分析；还具备全局预览数据导航条，可实现数据的快速概览、定位处理及显示。

通道	开/关	颜色	分组		通道特征		实时状态		设置
1-01	ON		应变应力	应力	200000MPa	DIF_DC~PASS	-200000.000	-999.958/1000.000 MPa 200000.000	通道设定
1-02	ON		应变应力	应变	200000000με	DIF_DC~PASS	-2.000e8	-999.958/1000.000 με 2.000e8	通道设定
1-03	ON		电荷测量	电荷	100000pC	AC~PASS	-100000.000	-999.958/1000.000 pC 100000.000	通道设定
1-04	ON		电荷测量	加速度	100000m/s²	AC~PASS	-100000.000	-999.958/1000.000 m/s² 100000.000	通道设定

图 3.16　基础平台软件的界面

基础平台软件的多种图表功能可灵活组态，包含记录仪［图 3.17(a)］、倍频程［图 3.17(b)］、XY 记录仪［图 3.17(c)］、FFT（快速傅里叶变换）［图 3.17(d)］、彩色瀑布图、彩色云图、仪表盘、棒状图、数字表、音视频、3D 模型图等。

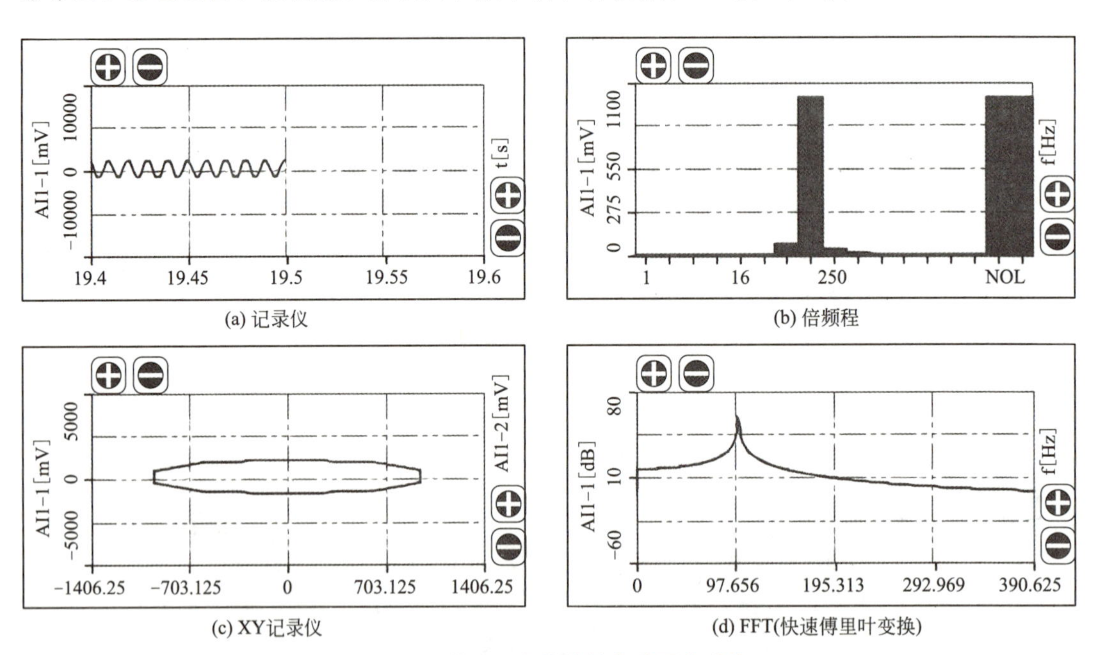

图 3.17　基础平台软件的多种图表功能

b. 阶数分析软件。

重采样波形分析：通过获得一组时间序列，无论转速大小，每个周期的采样点数都是固定值。对于每个周期信号的起始点与终止点都可由键相信号给出，重采样波形可准确分析旋转机械设备的振动幅值与相位的变化。图 3.18 所示为重采样波形分析示例。

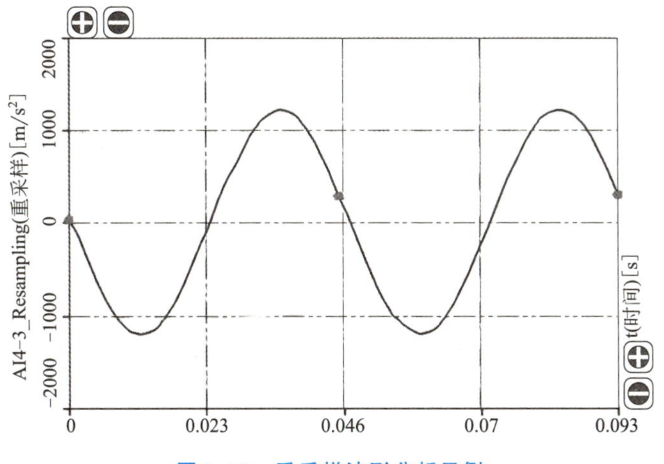

图 3.18 重采样波形分析示例

阶数谱分析：将横坐标的频率除以当时的转速（转速的单位应换算为频率），即可得到阶数谱。无论转速升高还是降低，均可完整显示转速频率下的各阶幅值成分，由于阶数谱分析排除了由转速波动所引起的谱线模糊和信号畸变，可帮助用户进行旋转机械设备的运行状态判断，因此广泛应用于旋转机械的动态分析、工况监测与故障诊断中。图 3.19 所示为阶数谱分析结果的二维图谱。

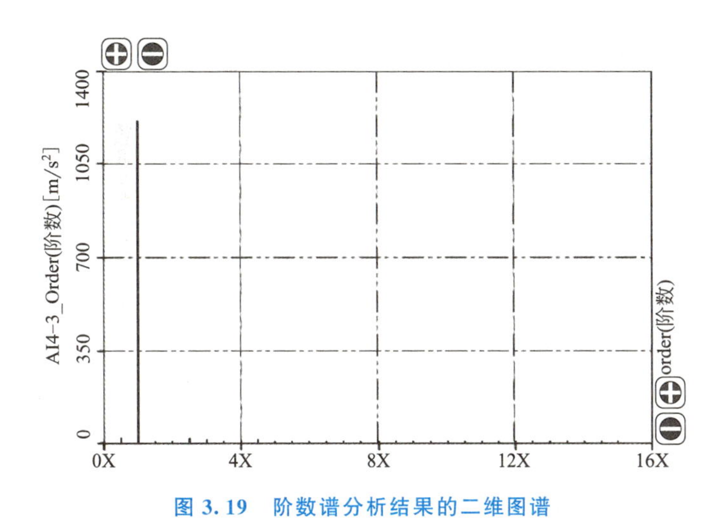

图 3.19 阶数谱分析结果的二维图谱

三维谱图分析：以阶数谱按转速间隔顺序排列谱阵，对于一段转速区间内的设备运行情况进行完整的显示和判断。

轴心轨迹：由固定在传感器支架上水平方向和垂直方向的电涡流位移传感器提供位移信号。它是轴心相对于滑动轴承座的运动轨迹，反映了转子瞬时的涡动状况。

伯德图分析和极坐标图分析：只用于旋转机械启停机分析。伯德图是以转速为横坐标，并将幅值和相位随转速过程的变化而变化的两条曲线描绘在同一张图上；极坐标图是以基频幅值作为模，相位作为幅角在极坐标平面上绘制的曲线。可通过两种图谱的相位和幅值的变化来分析旋转设备过临界时的状态。图 3.20 所示为伯德图分析结果。

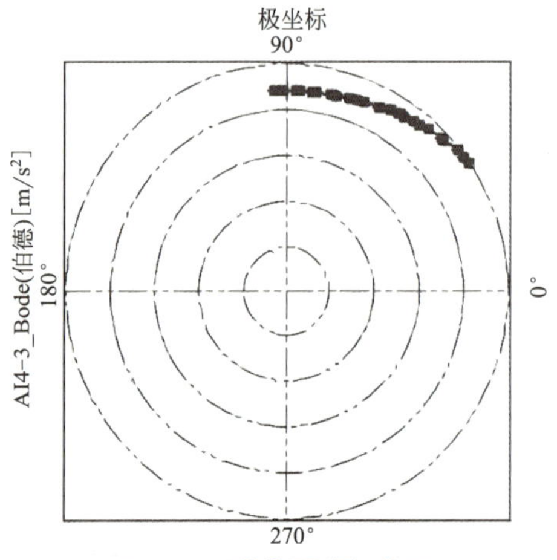

图 3.20　伯德图分析结果

c. 现场动平衡分析软件。

该软件可对单面或双面的转子进行现场动平衡实验，直观显示整个平衡过程和平衡结果，准确给出加重质量和平衡位置。图 3.21 所示为现场动平衡分析软件的界面。

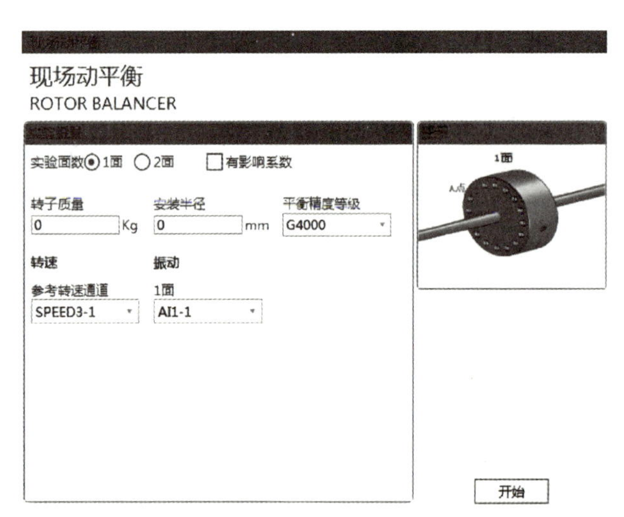

图 3.21　现场动平衡分析软件的界面

2. 转轴的径向振动测量

(1) 实验目的。

① 掌握转子实验台各部分的组成、安装方法及控制方法。

② 掌握电涡流位移传感器的安装方法。

③ 熟悉仪器及软件操作。

④ 观察转子实验台在转动时转轴所产生的径向振动时域波形图。

（2）实验原理。

由于转子的质量分布不均或安装误差，因此总会存在一定的不平衡量。不平衡量在转子运行过程中会引起转子的振动，转子在运动过程中的受力分析如图 3.22 所示。

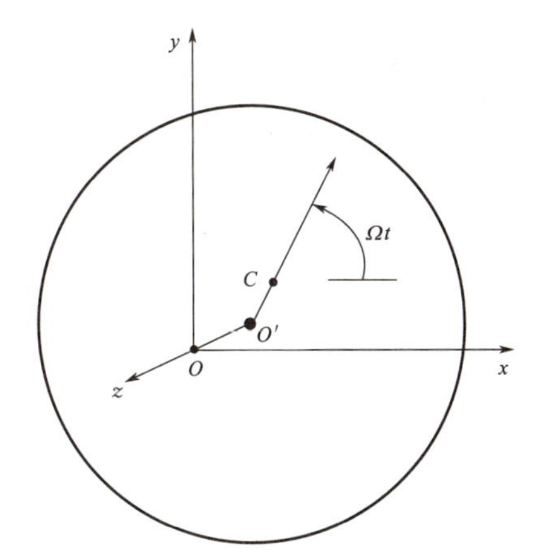

图 3.22　转子在运动过程中的受力分析

图 3.22 中 O 点为坐标原点，坐标为（0,0），为两个轴承中心连线上的一点；O'坐标为（x,y），为转轴中心；C 坐标为（x_C,y_C），为转子重心；偏心距 $e=O'C$，转子在转动过程中的运动微分方程为

$$\begin{cases} m\ddot{\boldsymbol{x}}+c\dot{\boldsymbol{x}}+k\boldsymbol{x}=e\Omega^2\cos\Omega t \\ m\ddot{\boldsymbol{y}}+c\boldsymbol{y}+k\boldsymbol{y}=e\Omega^2\sin\Omega t \end{cases} \tag{3-11}$$

令 $z=x+iy$

则上述方程组可写为

$$m\boldsymbol{z}+c\boldsymbol{z}+k\boldsymbol{z}=e\Omega^2e^{i\Omega t} \tag{3-12}$$

令 $\omega_n=\dfrac{k}{m}$，$\xi=\dfrac{c}{2\sqrt{mk}}$，则

$$\ddot{\boldsymbol{z}}+2\xi\omega_n\dot{\boldsymbol{z}}+\omega_n^2\boldsymbol{z}=e\Omega^2e^{i\Omega t} \tag{3-13}$$

设其特解为

$$\boldsymbol{z}=|A|e^{i(\Omega t-\theta)} \tag{3-14}$$

则

$$|A|=\frac{e(\Omega/\omega_n)^2}{\sqrt{[1-(\Omega/\omega_n)^2]^2+(2\xi\Omega/\omega_n)^2}},\tan\theta=\frac{2\xi(\Omega/\omega_n)}{1-(\Omega/\omega_n)^2} \tag{3-15}$$

上述公式说明：在不平衡量的激励下，转子的振动信号与转子系统转动同频，并且为有一定相位差的正弦信号。

电涡流位移传感器采集到转轴的径向振动信号，将信号通过信号电缆送入转子实验台控制器，转子实验台控制器对信号调理后，将信号送入动态信号测试分析系统（DH5920 型/DH5920N 型/DH5922 型/DH5922N 型/DH5923 型/DH5925 型/DH5928 型），从而实现模拟信号抗混滤波、A/D 转换等，并转换为上层分析软件可处理的数字信号，最后将数字信号上传到计算机及分析软件中，实现所需的分析功能。

（3）实验步骤。

① 转子实验台及电涡流位移传感器的安装。

将电涡流位移传感器、转子实验台控制器、数据采集装置、计算机及分析软件等连接成完整的测试系统，如图 3.23 所示。在安装电涡流位移传感器时，请注意电涡流探头与被测转轴之间的安装距离，该安装距离应根据电涡流位移传感器的性能参数判断。

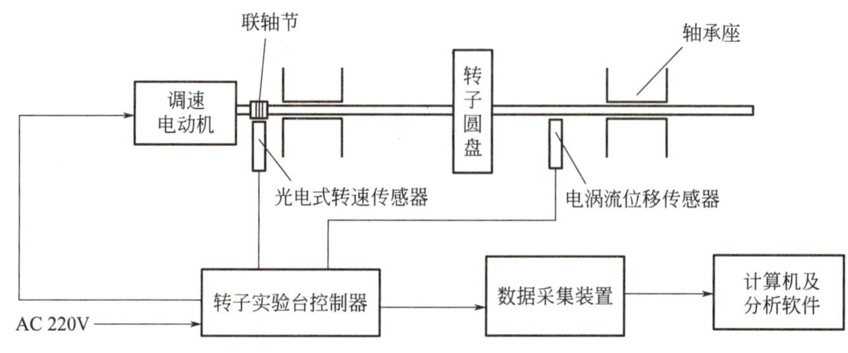

图 3.23　测试系统的组成

② 转子实验台控制器的设置。

设置转子实验台控制器主要是设置转子实验台的最高转速及其转速的变化率。

③ 软件准备工作。

接通动态信号测试分析系统，打开电源开关，打开软件，在选项中进行接口设置，选择相应接口，如 DH5920N 型动态信号测试分析系统选择“1394 接口”，仪器名称选择“DH5920N”，按“确定”按钮，软件自动重启并查找仪器。

注意：必须先打开 DH5920N 型动态信号测试分析系统，然后等待信号灯熄灭；进入其他软件模块也必须如此。

④ 参数设置。

在采集信号前首先要设置参数，包括采样参数、通道参数，分析参数，这里只讲述完成本实验所必需的各项参数设置，详细的参数设置请参阅软件使用手册。

a. 分析参数设置。

如图 3.24 所示，单击“测量”—“阶次分析”按钮，进入“阶次分析”设置界面（图 3.25）。

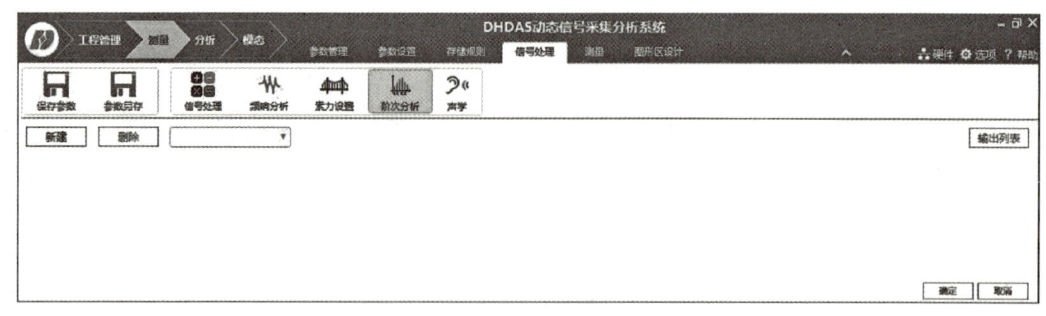

图 3.24　新建“阶次分析”模块

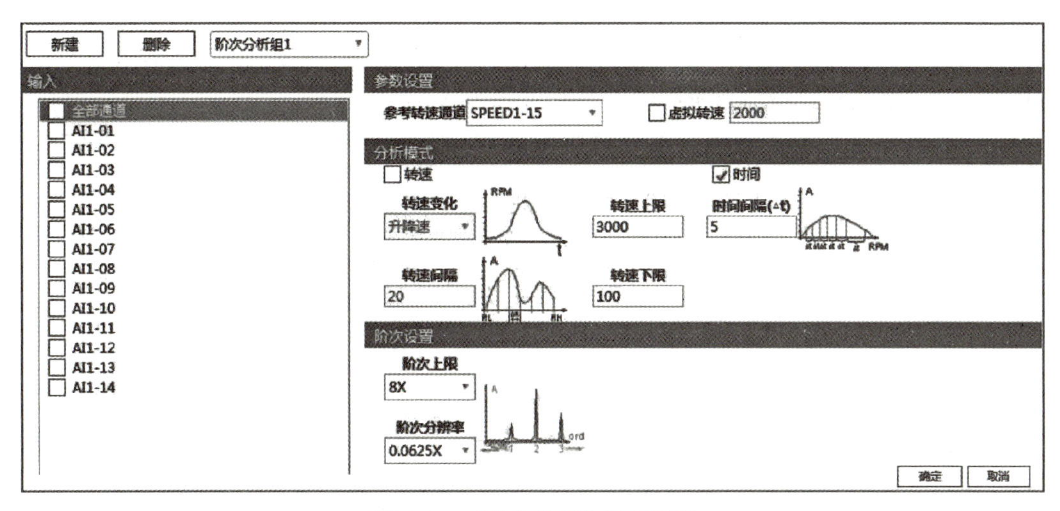

图 3.25 “阶次分析”设置界面

在“阶次分析”设置界面内，在“输入”下拉列表中选择用于进行阶次分析的通道，单击对应通道名称前的复选框进行勾选，再次单击通道名称前的复选框可取消操作，也可单击“全部通道”前的复选框进行全选。单击“参考转速通道”后方的下拉菜单，选择用于阶次分析的参考转速，若下拉菜单为空，则表示未能识别到转速，请检查转速通道是否工作正常。“虚拟转速”为在无法获取转速通道的实时转速，但已知当前转速时，需要进行阶次分析，可选择虚拟转速实现。在此模式下，软件无法准确获取振动的相位信息，需保证实际转速值稳定且与所设置的虚拟转速值一致。

阶次分析的分析模式可分为转速控制、时间控制和转速时间控制三种。

单击“转速”前的复选框进行勾选，进入转速控制分析模式，该阶次分析与转速变化、转速间隔、转速上限、转速下限和时间间隔等参数有关，只有满足以上所有条件，软件才将进行阶次分析。

其中，转速变化可选升速、降速和升降速。选择升速时，以转速的上升作为分析前提；选择降速时，以转速的下降作为分析前提；选择升降速时，以转速的变化作为分析前提，即只要转速发生变化并满足其他条件就可进行阶次分析。

通过转速间隔的设置确定转速变化的阈值，当转速变化超过该阈值且满足其他条件时，即可进行阶次分析。

通过转速上限和转速下限的设置确定进行阶次分析的转速范围，只有当转速处于所设定的转速范围时，才可进行阶次分析。

单击“时间”前的复选框进行勾选，进入时间控制分析模式，该阶次分析通过设置时间间隔来确定时间变化的阈值，当时间满足所设阈值时，即可进行阶次分析。

转速时间控制分析模式是指只要满足所设置的转速控制和时间控制条件中的任何一个，就可进行阶次分析，所有参数设置与转速控制和时间控制相同。

阶次分析的输出结果为：重采样波形、阶数图、伯德图，这三个波形均可通过 2D 视图观察，其中伯德图采用 2D 视图进行观察时，可通过左侧参数栏进行幅值谱和相位谱的切换。

如果将频谱图横坐标的每个频率值 f_i 除以某个参考频率值 f_r，这样横坐标的单位就成为无量纲的，称为阶次。阶次上限就是软件所能设定的最高上限值。例如，$1x$ 称为一阶或基频，一般旋转机械的分析阶次上限取 $5x$～$10x$。

阶次分辨率是指精确到最小的分数阶次，如 $0.125x$、$0.25x$ 等。阶次分辨率越小，窗口中所显示的阶次线数越密。

单击“阶次上限”后方的下拉菜单，选择进行阶次分析时的阶次上限值，确定阶次分析重采样波形的每个周期的点数，其每个周期的点数为阶次上限的 2 倍。

单击“阶次分辨率”后方的下拉菜单，选择进行阶数分析时的阶次分辨率，确定重采样波形的周期数，周期数为 1/阶次分辨率。

b. 通道参数设置。

参数管理：仪器连接正常后，打开软件，启动完成后，进入参数管理界面，单击“测量”—“参数管理”—“新设置”按钮，以默认参数初始化仪器并开始采集数据，如图 3.26 所示。

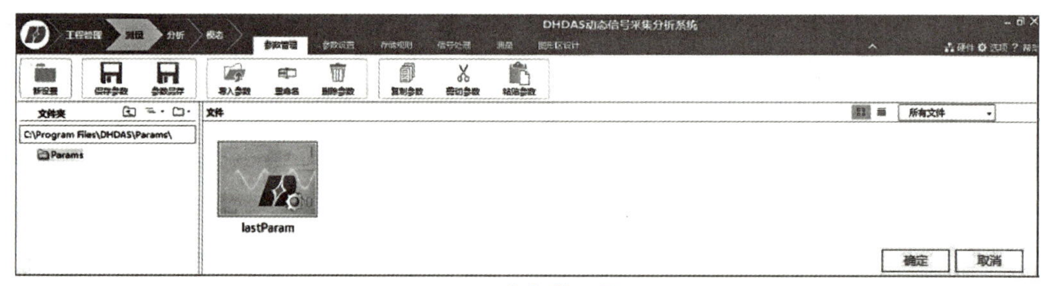

图 3.26　参数管理界面

设置存储规则：如图 3.27 所示，单击“测量”—“存储规则”按钮，进入存储规则界面，可在此界面内设置存储路径、存储方式、工程名和测试名，软件数据组成格式为单个工程文件下可记录多批工况测试。

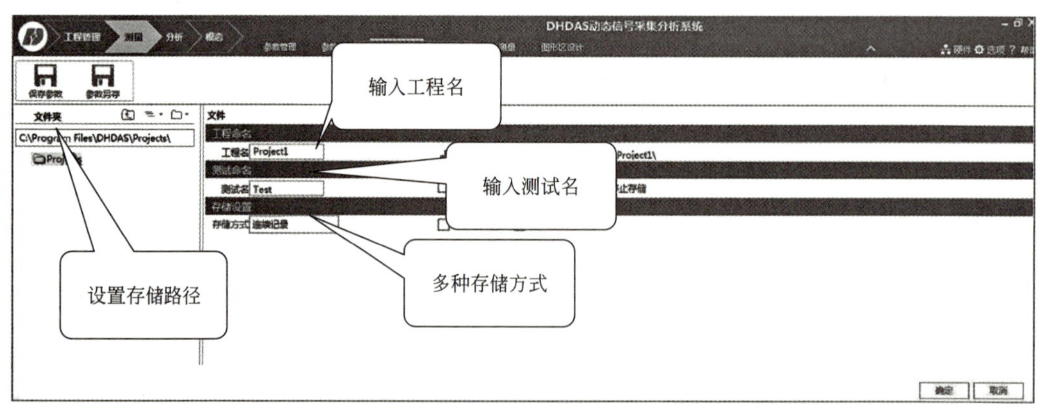

图 3.27　存储规则界面

设置采样频率：根据所测信号选择合适的采样频率，采样频率分为采样频率取整和分析频率取整两种（分析频率=采样频率÷2.56）。对于阶次分析，需要将采样频率设置得高一些，以便软件在进行阶次重采样时，每转能有足够多的数据点，一般设置为 10kHz 以上，最好为 25.6kHz。图 3.28 所示为采样频率界面，在采样频率下拉列表中设置采样频率。

采样频率 1K Hz ◉采样频率取整 ○分析频率取整 自动量程 模型

下拉列表：2、5、10、20、50、100、200、500、1K、2K、5K、10K、20K、50K

通道	颜色	EID号	测点描述	分组	
1-01			<未描述>	电压测量	电压
1-02			<未描述>	电压测量	电压
1-03			<未描述>	电压测量	电压
1-04			<未描述>	电压测量	电压
1-05			<未描述>	电压测量	电压
1-06			<未描述>	电压测量	电压
1-07			<未描述>	电压测量	电压

图 3.28　采样频率界面

设置模拟通道：如图 3.29 所示，双击对应通道的“ON”或“OFF”项打开或关闭对应通道；单击对应通道的颜色项，弹出调色板，用于修改对应通道的曲线颜色；将光标移至“ON”或“OFF”项弹出菜单，可打开或关闭所有通道；光标移至“分组”项弹出下拉菜单，可选“按通道类型”“按测量量”“按机号（IP）”和“按自定义通道”进行分组，方便对通道进行统一管理。

通道	开/关	平衡锁	颜色	EID号	测点描述	分组		通道特征	实时状态	设置
1-01	ON				<未描述>	电压测量	电压	10000 mV SIN_DC～PASS 1 mV/mV	-50.000 / 50.000 mV -10000.000 10000.000	通道设定
1-02	ON				<未描述>	电压测量	电压	SIN_DC～PASS 1 mV/mV	-50.000 / 50.000 mV -10000.000 10000.000	通道设定
1-03	ON				<未描述>	电压测量	电压	SIN_DC～PASS 1 mV/mV	-50.000 / 50.000 mV -10000.000 10000.000	通道设定
1-04	ON				<未描述>	电压测量	电压	SIN_DC～PASS 1 mV/mV	-50.000 / 50.000 mV -10000.000 10000.000	通道设定
1-05	ON				<未描述>	电压测量	电压	SIN_DC～PASS 1 mV/mV	-9166.831 / 9147.140 mV -10000.000 10000.000	通道设定
1-06	ON				<未描述>	电压测量	电压	SIN_DC～PASS 1 mV/mV	5724.000 / 5724.000 mV -10000.000 10000.000	通道设定
1-07					<未描述>	电压测量	电压	SIN_DC～PASS 1 mV/mV	-1477.992 / 1477.988 mV	通道设定

下拉列表：10000、5000、2000、1000、500、200、100、40、20、10

图 3.29　模拟通道界面

单击对应通道的“通道设定”单元格，在弹出通道设定对话框内进行参数设置，图 3.30 所示为“电压测量”通道的参数设置界面，其中各参数的含义如下。

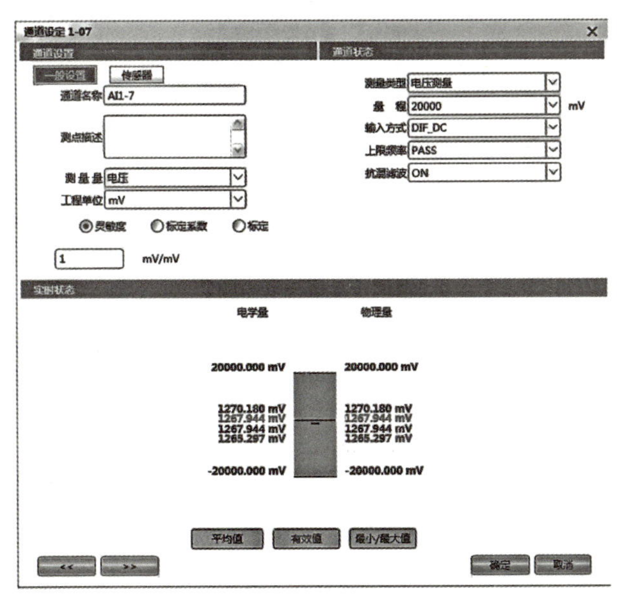

图 3.30　“电压测量”通道的参数设置界面

通道名称：由程序自动生成，如“AI1－7”的含义是1号仪器的第7个通道。

工程单位：由用户设置，默认为“mV”。在用不同的传感器时，可选择其相对应的工程单位，如电涡流位移传感器的工程单位为“mm”。

灵敏度：也称转换因子、校正系数，为单位工程物理量EU的电压毫伏数，用于将所测的电压信号转换为工程物理量EU，默认值为1，可在相对应的通道输入该通道传感器的灵敏度。

量程：可测量工程物理量EU的范围，与电压范围联动。

输入方式：由用户设置，默认值为AC（交流耦合）。在用于其他的测量类型时，软件还有更多的输入方式以供选择。例如，DIF _ DC为差分输入直流耦合，sin _ DC为单端输入直流耦合（某些型号的仪器可能提示为DC），GnD为短路，用于仪器自检或通道平衡。

上限频率：前置模拟低通滤波器，用于“预滤波”去除，不需要高频信号。

在所有通道设定界面中，可单击“传感器”选项卡（图3.31），选择所接传感器类型、型号和编号，软件将从传感器库内根据所选的传感器信息自动搜索到对应的灵敏度、测量量和单位，并输入对应通道参数项，无须手动输入；若传感器库内没有对应的传感器，可单击“编辑传感器”按钮添加；设置完毕后单击“确定”按钮，完成通道参数设置。

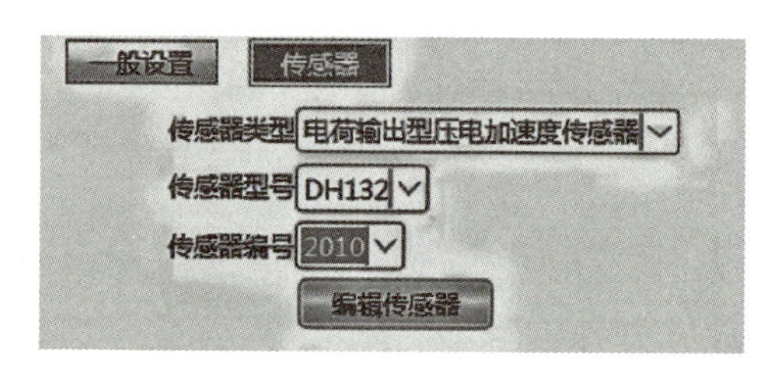

图3.31 “传感器”选项卡

所有模拟通道的参数设置完毕后，单击“确定”按钮，所有通道的信号均可采用记录仪、数字表、柱状图、XY记录仪进行观察。

实时信号处理：如图3.32所示，单击“测量”—“信号处理”按钮，进入信号处理界面，用于数据的实时处理、分析和显示，包含多种分析方法——幅值分析、虚拟通道、频

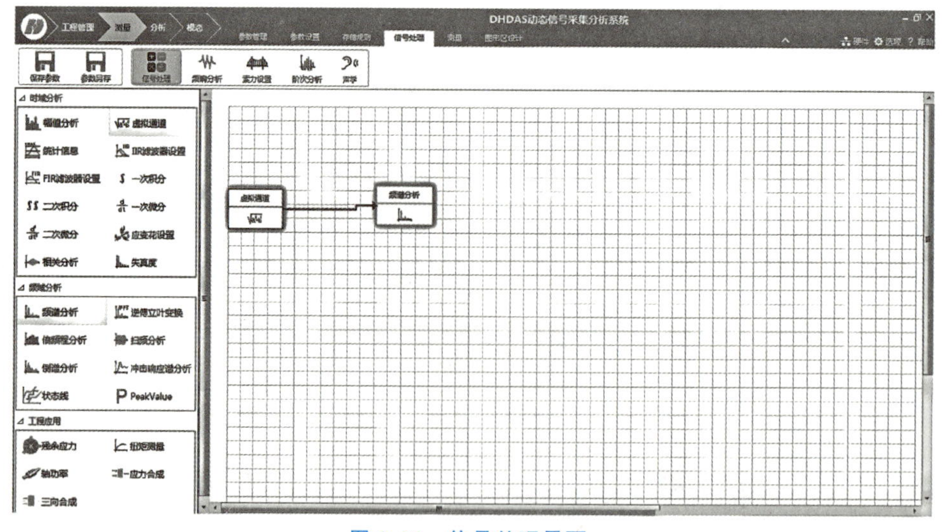

图3.32 信号处理界面

谱分析、倍频程分析、扫频分析等。

转速通道设置：若仪器带有转速通道，在软件内可单击“测量”—“参数设置”—“转速通道”按钮，可以弹出转速通道列表，如图 3.33 所示。通道项显示的是对应转速通道号，1－15 表示 1 号机的 15 号通道为转速通道；单击对应通道的颜色项，弹出调色板，用于修改对应转速信号的曲线颜色；实时状态能够实时显示当前转速；“ON”或“OFF”能够打开或关闭转速通道。

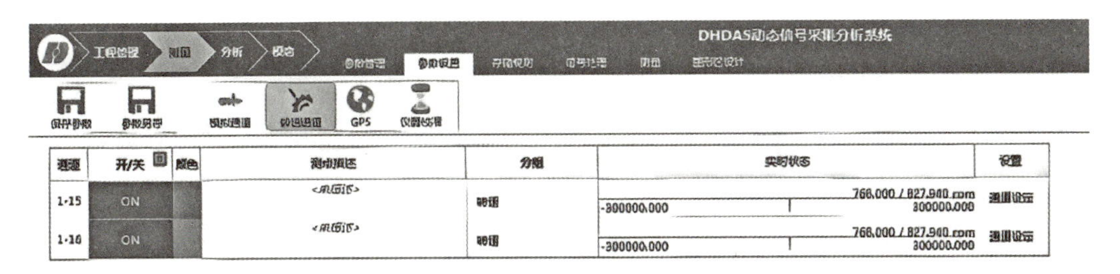

图 3.33　转速通道列表

单击对应转速通道后方的“通道设定”单元格，弹出图 3.34 所示的通道设定对话框，其中各参数的含义及设置方法如下。

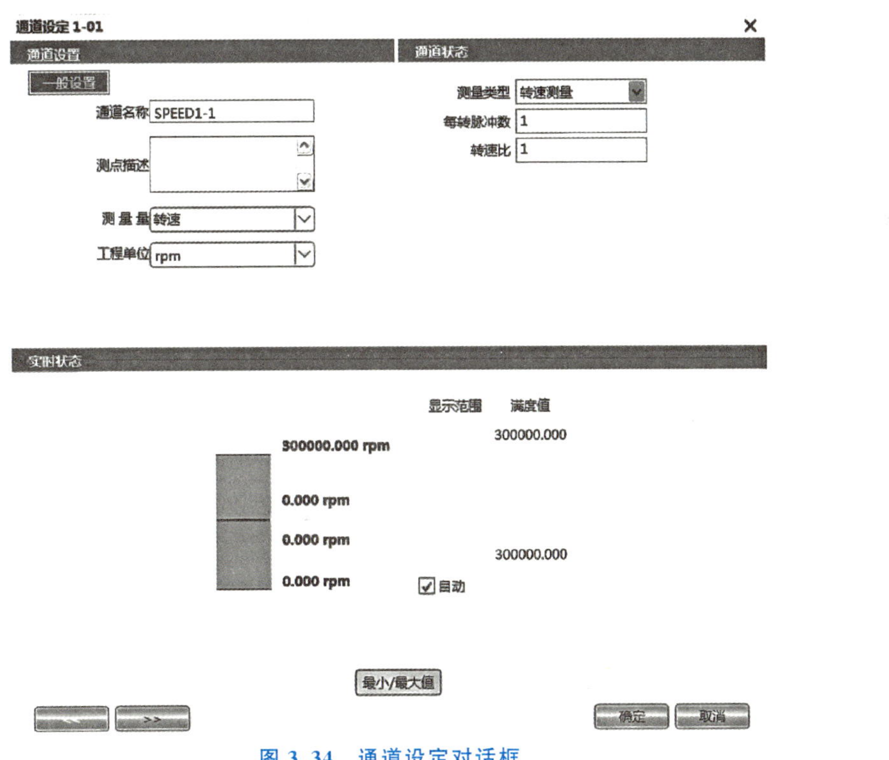

图 3.34　通道设定对话框

通道名称为测量界面内信号选择列表中对应通道显示的名称。测量量可选转速或频率，选择转速时，最终显示的是转速值（图 3.33 和图 3.34）；选择频率时，最终显示的是频率（频率＝转速/60）。工程单位会根据所选的测量量而自动变化。根据实验现场设置正确的每转脉冲数和转速比。每转脉冲数是指转子每旋转一周所产生的脉冲数，如在轴表面贴一个反光标签，光电式转速传感器每转输出一个脉冲；当采用电涡流位移传感器通过测速齿轮进行转速测量时，每转输出脉冲数与齿数相同。转速比是指某转速与被测转速间固定的比例关系，由用户设置。

设置完毕后，单击“确定”按钮，完成转速通道的设置。所有转速通道输出的信号均可采用记录仪、数字表和柱状图进行观察。

实时测量：单击“测量”—“采集”按钮，将根据设置的存储规则开始存储数据，如图 3.35 所示。

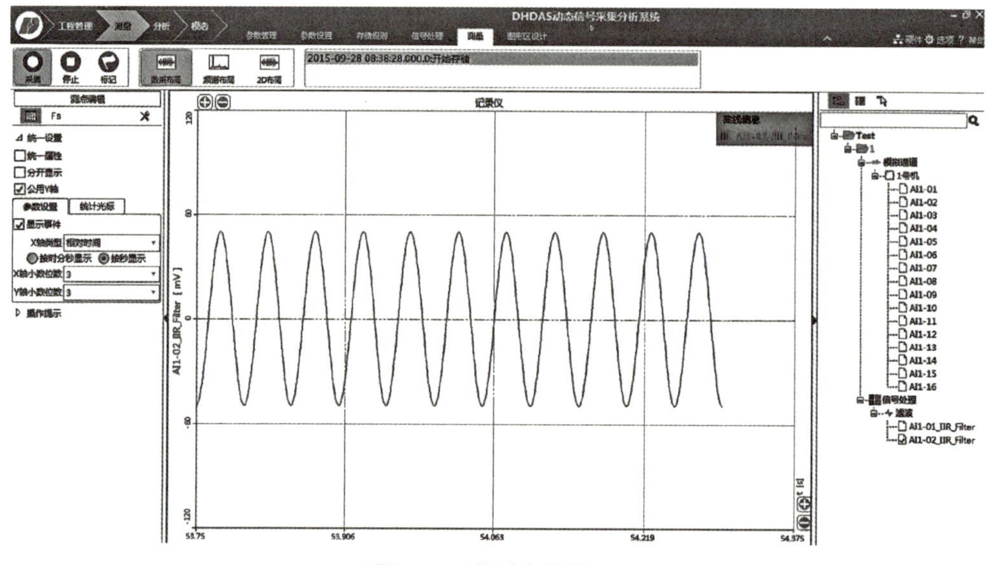

图 3.35　数采布局界面

数据显示：通过“图形区设计”栏来配置视图窗口属性、选择显示信号等。例如：单击“记录仪”按钮，显示区域会弹出一个记录仪视图，如图 3.36 所示。

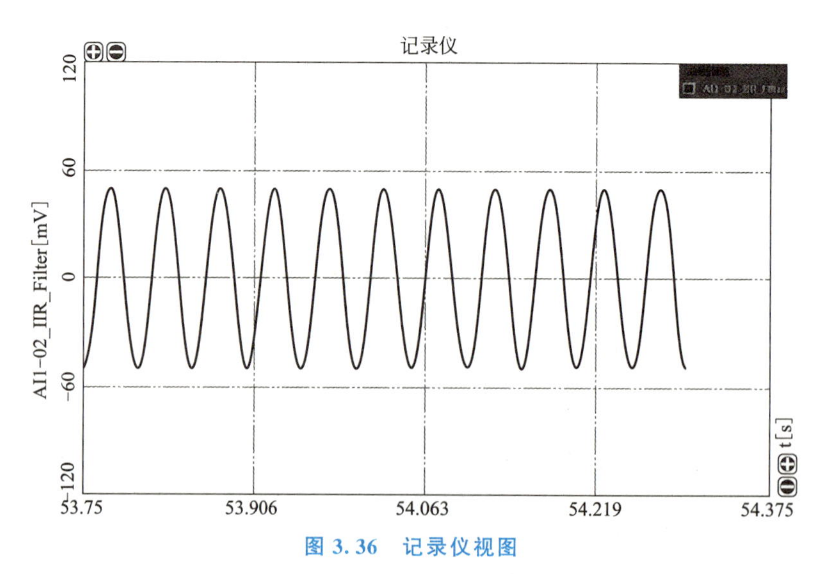

图 3.36　记录仪视图

设置完成后，返回测量页面控制采样及操作数据，单击视图显示方式，程序会在图像界面的右侧显示该视图可以使用的模拟通道，单击“模拟通道”连接数据与视图，窗口中显示该信号数据，如图3.37所示。

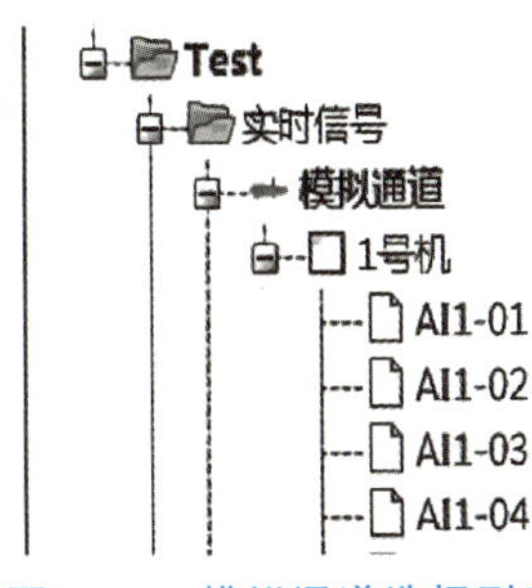

图3.37 模拟通道选择列表

⑤ 实验。

a. 接通转子实验台控制器电源，打开数据采集器，打开DHDAS软件，通过接口设置，连接仪器。单击“测量”—“存储规则”按钮，设置存储路径，建议将数据存储在非系统盘内；单击“测量”—“参数设置”—“模拟通道”—“通道设定”按钮，对相应的涡流信号输入通道进行设置。设置完成后对通道进行平衡、清零操作。

b. 单击“测量”—“测量”—“新布局”—“图形区设计”按钮，建立一个“记录仪”窗口，信号选择为涡流信号输入通道的信号。

c. 打开转子实验台控制器开关，调节调速旋钮，使转子实验台转动起来，并使其稳定在某一转速下，观察此时转子实验台振动的时域波形。

d. 单击“图形区设计”按钮，建立一个“FFT”窗口，信号选择为涡流信号输入通道的信号，单击“统计光标”内峰值光标，观测当前振动信号的频率 f，单击“数字表”按钮，选择信号为当前转速输入信号通道，观测当前的转速值 n，计算转子转频 $f_1=n/60$，比较振动信号频率 f 和转子转频 f_1 的关系。

e. 在“图形区设计”左侧的“参数设置”和“统计光标”，可对图形属性、统计信息、光标索引进行设置。

f. 选择“图形区设计”的其他功能，熟悉软件，为以后的实验打下基础。

g. 在信号选择中选择电涡流位移传感器所在的通道，观察转轴的振动曲线，如图3.38

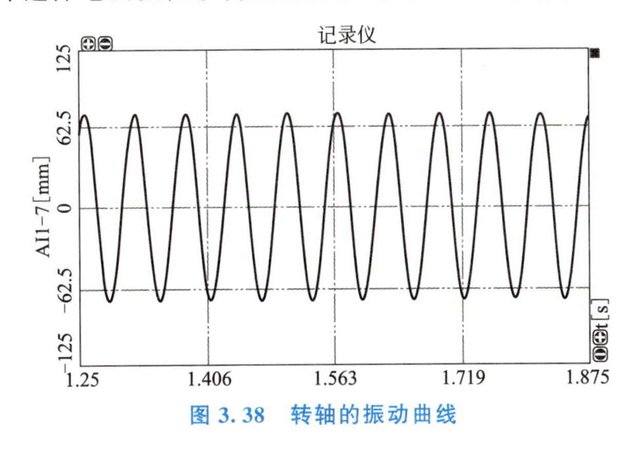

图3.38 转轴的振动曲线

所示。

h. 改变转速值和电涡流位移传感器的安装位置，重新测量，观察转轴的振动情况。

i. 熟悉软件的各项功能和操作，完成参数设置、数据采集、数据另存等操作。

（4）完成实验。

完成实验后，关闭软件及仪器电源，将仪器摆放整齐再离开实验室。

（5）实验结果记录和分析。

记录转轴径向振动测量的实验过程及结果数据，对结果截图并进行分析。

3. 旋转机械振动相位的检测

相位信息是旋转机械故障诊断的重要依据。例如，对于转子临时弯曲、转子缺损和滑动轴承座故障，其频谱都以基频为主，不易区分，这时就要利用相位信息进行故障诊断。

（1）实验目的。

① 掌握相位的定义。

② 掌握本系统软件中相位的测量和显示。

（2）实验原理。

在旋转机械中，相位的定义为基频信号相对于转轴上某一确定相位标志之间的相位差，这里确定的相位标记一般为键相槽或反光标签。这样定义是因为旋转机械的许多故障都与基频有关，而其余的整数倍频和分数谐波的相位都可由基频的相位求得。

如图 3.39 所示，在转轴上某一确定位置 O'贴反光标签，另在固定平面内选一个确定位置 O 安装光电式转速传感器，每当转轴转动至 O'和 O 重合时，给出一个脉冲信号。这一脉冲信号即为相位参考脉冲信号。然后将任意测点经过滤波后的基频信号描绘在同一时间轴上，这样就可以按照参考脉冲信号来定义基频信号的相位。

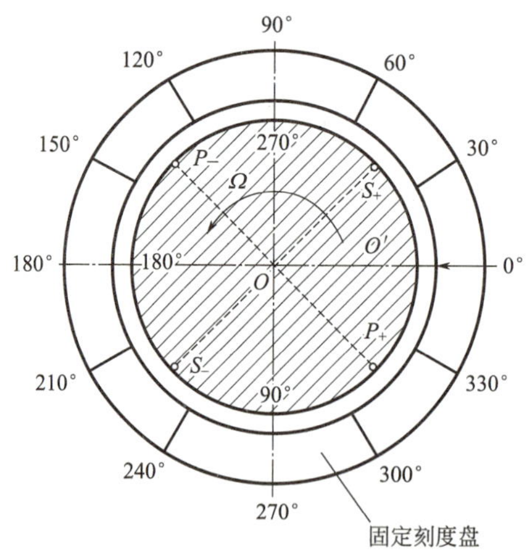

图 3.39　相位参考标记

由于仪器不同或要求不同，一般有四种相位的取值方法：φ_{+P}——正峰点相位，φ_{-P}——负峰点相位，φ_{+S}——正斜率过零点相位，φ_{-S}——负斜率过零点相位。

无论采取哪种取值方法，相位 φ 都指落后角。例如，正峰点相位 φ_{+P} 是指键相脉冲后面第一次遇到的正峰点所对应的角度。虽然 φ 一般用 0°～360°的正值表示，但指的都是落后角。在转轴上找到四个对应点：P_+、S_-、P_-、S_+，这样，当 P_+ 点转到光电式转速传感器位置 O 时，振动信号正处在正峰点；同样，当 S_- 转至 O 时，振动信号正处在负斜率过零点，如图 3.40 所示。本实验所用旋转机械软件相位取值方法为正峰点相位。

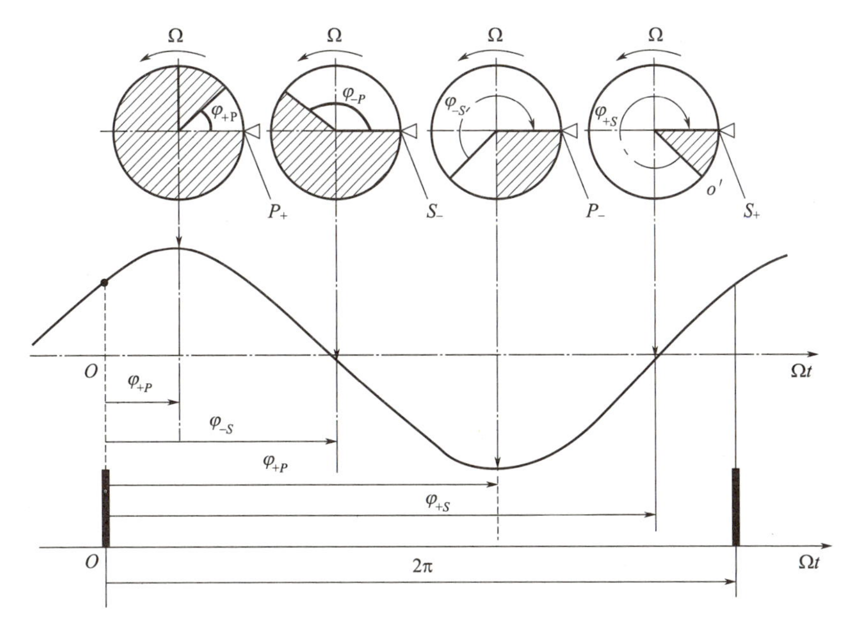

图 3.40 各种相位角定义的对应位置

（3）实验步骤。

① 转子实验台及电涡流位移传感器的安装。

按图 3.23 所示，将电涡流位移传感器、转子实验台控制器、数据采集装置、计算机及分析软件等连接成完整的测试系统。

② 转子实验台控制器设置。

同转轴的径向振动测量实验，设置转子实验台的最高转速。

③ 软件准备工作。

a. 连接好仪器并接通电源，设置好通道参数，对通道进行平衡、清零操作。

b. 单击“测量”—“参数设置”按钮，设置阶次，输入通道选择涡流信号通道，参数可参考图 3.41 设置。

④ 实验。

a. 接通转子实验台控制器电源，打开控制器开关，调节调速旋钮，使转子实验台稳定在某一转速下。

b. 单击“测量”—“图形区设计”—“2D 图谱”按钮，建立三个“2D 图谱”窗口，分别选择为相应涡流通道的 Resampling（重采样波形）、Order（阶次谱）、伯德图。单击“测量”按钮，对所有图形选择“统计光标”—“单光标”，移动光标，通过 Resampling 观察此时转子实验台振动的重采样波形，在伯德图中，通过“参数设置”中的“图谱类型”，可进行测点的实时“幅频/相位”显示，观察测点在某一点的振动值和相位，通过“显示阶

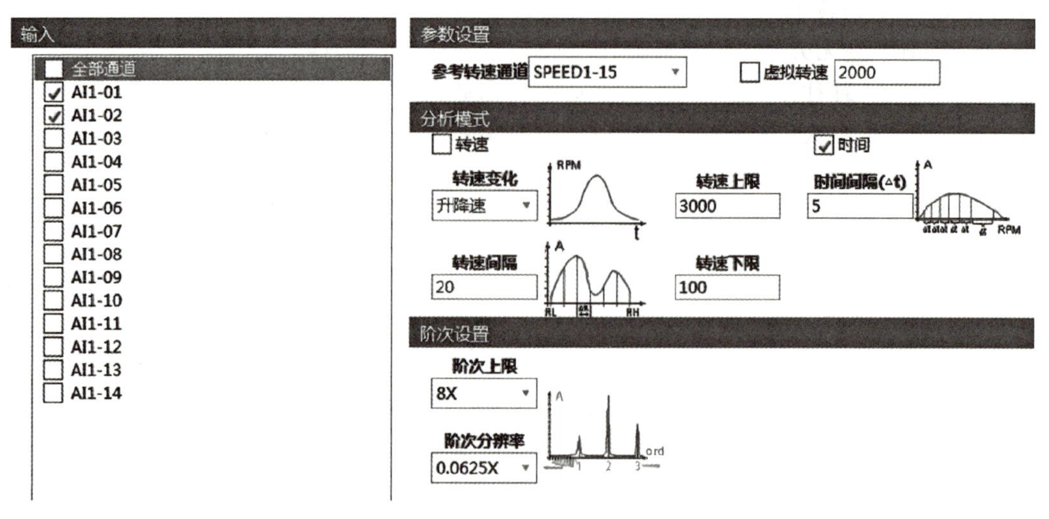

图 3.41　阶次参数设置参考

次”，可显示测点在不同阶次的振动值和相位，观测当前转速“1X”的幅值/相位，并记录下来。

c. 改变转子实验台的转速，观测几组不同转速下的振动值和相位，并记录下来。

d. 改变电涡流位移传感器的安装位置，观测幅值/相位的变化情况，并记录下来。

(4) 完成实验。

实验完成后，先停止采样，再关闭软件，最后关掉转子实验台等电源，将实验台收拾干净方可离开。

(5) 实验结果记录和分析。

记录旋转机械振动相位的检测过程和结果数据，对结果进行截图并分析。

4. 转轴的临界转速测量

(1) 实验目的。

① 理解转子在不平衡质量激励下瞬态过程中的动态特性。

② 深刻理解转子临界转速的概念，以及转子在临界转速的动力特征。

③ 掌握伯德图、极坐标图、三维谱图、阶数谱等分析手段在旋转机械故障诊断中的应用。

(2) 实验原理。

在转轴的径向振动测量实验中已经得出了在不平衡激励下的动态响应公式，即

$$|A|=\frac{e(\Omega/\omega_n)^2}{\sqrt{[1-(\Omega/\omega_n)^2]^2+(2\xi\Omega/\omega_n)^2}},\tan\theta=\frac{2\xi(\Omega/\omega_n)}{1-(\Omega/\omega_n)^2} \tag{3-16}$$

令 $\lambda=\Omega/\omega_n$，则

$$|A|=\frac{e\lambda^2}{\sqrt{[1-\lambda^2]^2+(2\xi\lambda)^2}},\tan\theta=\frac{2\xi\lambda}{1-\lambda^2} \tag{3-17}$$

图 3.42 所示为转子在不平衡激励下的动态特性。由于阻尼的存在，转子的不平衡响应在 $\Omega=\omega_n$ 时不是无穷大，而是有限值，而且不是最大值，最大值发生在 ω_n 附近。对于实际的转子系统，往往用测量响应的方法来确定转子的临界转速。因为在转子升速或降速过程中测量响应的最大值比较容易，常常把出现峰值的转速作为临界转速，测量得到的临界转速在升速时略大于前面定义的临界转速 ω_n，而在降速时略小于 ω_n。

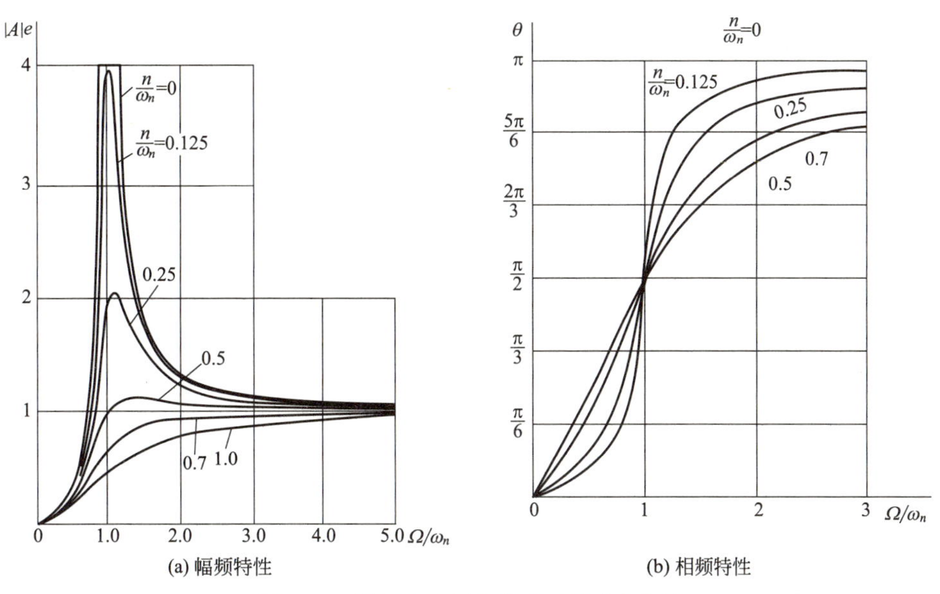

图 3.42 转子在不平衡激励下的动态特性

由于阻尼的存在，响应和激励的相位差不再是 0 或 π，因此圆盘中心、重心和固定点不在同一直线上；但是，当转速远大于临界转速时，相位差接近 π，仍可认为上述三点在同一直线上，而且能“自动对心”。

（3）实验步骤。

① 转子实验台及电涡流位移传感器的安装。

按图 3.23 所示，将电涡流位移传感器、转子实验台控制器、数据采集装置、计算机及分析软件等连接成完整的测试系统。

② 转子实验台控制器的设置。

按转轴的径向振动测量实验设置转子实验台控制器的转速，使设置的最高转速高于临界转速（约 3000r/min）。

③ 软件准备工作。

a. 接通数据采集装置电源，并打开电源开关，参考转轴的径向振动测量实验设置模拟通道参数和转速通道参数，对通道进行平衡、清零操作。

b. 单击“测量”—“信号处理”—“阶次分析”按钮，在“输入”列表框中勾选“AI1－01”通道，并如图 3.43 所示设置其他参数。

④ 实验。

a. 单击“测量”—“图形区设计”—“2D 图谱”按钮，建立两个 2D 图谱窗口，分别选择为相应通道的幅频曲线、相频曲线。通过参数设置中“图谱类型”，可选择伯德图的显

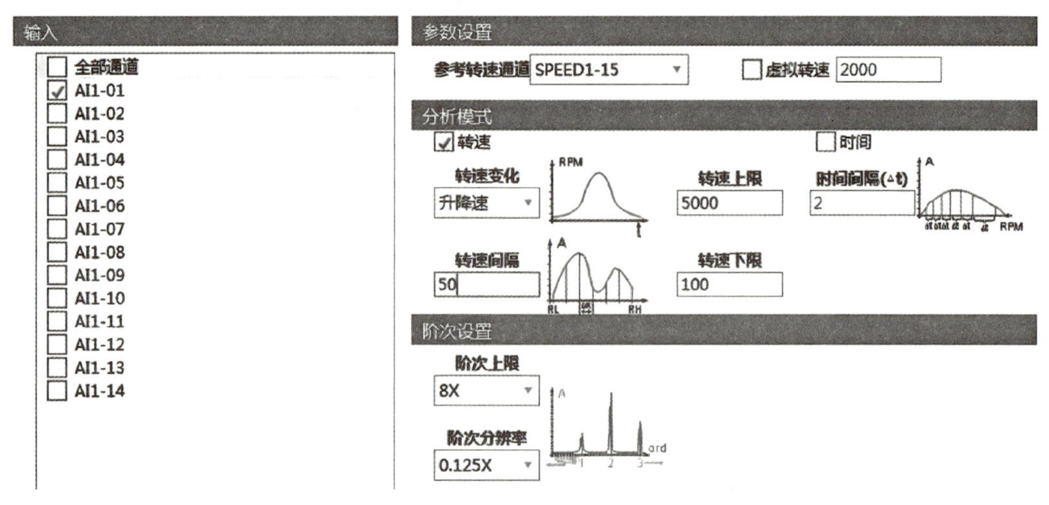

图 3.43　参数设置参考

示种类；选择“记录仪”，建立一个“记录仪”窗口，选择电涡流位移传感器采集到的信号的时域波形。

b. 接通转子实验台控制器电源，打开开关，调节调速旋钮，使转子实验台转动起来，并逐渐升速，观察原始振动信号、幅频曲线、相频曲线随转速上升的变化趋势。

注意：在临界转速附近，一定要调节转子实验台控制器的调速旋钮，使其快速通过临界转速，禁止在临界转速附近长期停留，以免振动过大，损坏转子实验台。

c. 升速过程完成后，停止采样，单击“统计光标”—“统计信息”—“峰值列表”按钮，选择峰值列表中峰值个数为“1”，找出幅频曲线中的峰值，该峰值对应的转速即为临界转速，如图 3.44 所示。

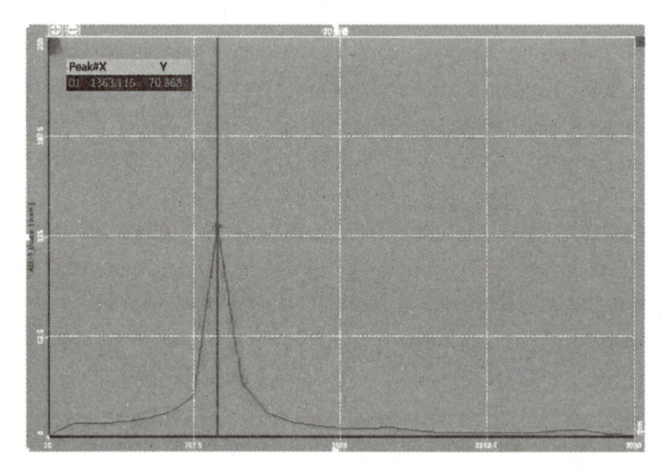

图 3.44　临界转速

d. 对保存的数据进行三维谱图、极坐标图等分析，尝试用多种分析方法找出系统固有频率。

(4) 完成实验。

实验完毕后，停止采样并关闭软件，使转子实验台停止转动，关闭仪器电源，将实验设备归位。

(5) 实验结果记录和分析。

记录转轴临界转速测量的实验过程及结果数据，对结果截图并进行分析。

5. 级联图、瀑布图的显示

级联图是以转速为第三坐标，由一系列频谱图组成的三维谱图，主要用于分析旋转机械的起停机瞬态过程。级联图可以清楚地显示各频率成分随转速的变化情况，这对旋转机械故障诊断是非常有用的，如在临界转速时，其振动峰值远比其他时刻转速的振动大，还可以观察到轴承由油膜“半速”涡动发展为油膜振荡。

瀑布图是以时间为第三坐标，由一系列频谱图组成的三维谱图，既可以用于分析旋转机械的起停机瞬态过程，又可以用于分析其稳态运行状态。瀑布图可以显示各频率成分随时间的变化情况，作用类似于级联图；瀑布图还可用于旋转机械的状态监测，显示各频率成分随时间的变化趋势。

(1) 实验目的。

① 掌握级联图、瀑布图的定义及区别。

② 了解三维谱图在旋转机械故障诊断及状态监测中的作用。

(2) 实验原理。

级联图通过转速控制采样，在软件中设置好采样的开始转速、间隔转速、结束转速，即当转子系统的当前转速在设置采样转速区间内，且和上一次采样的转速间隔正好等于设置的间隔转速时，开始采样并作频谱分析，把所得的频谱图按转速值的大小依次绘制在当前的三维绘图窗口内。

瀑布图通过时间来控制采样，在软件中设置好采样时间间隔，当上一次采样的时间间隔等于设置好的时间间隔时，开始采样并作频谱分析，所得的频谱图按时间顺序依次绘制在当前的三维绘图窗口内。

转速测量通过光电式转速传感器和贴在联轴节上的反光材料完成。当转轴转过一圈，反光材料正对光电式转速传感器时，反光材料将光电式转速传感器射出的激光反射回光电式转速传感器，这会产生一个脉冲信号，通过计算相邻脉冲信号的时间间隔就可得到转子系统当前的转速。

(3) 实验步骤。

① 转子实验台及电涡流位移传感器的安装。

按图 3.23 所示，将电涡流位移传感器、转子实验台控制器、数据采集装置、计算机及分析软件等连接成完整的测试系统。

② 转子实验台控制器的设置。

按转轴的径向振动测量实验设置转子实验台控制器，主要是设置好其最高转速。

③ 软件准备工作。

a. 接通数据采集装置电源，打开电源开关，设置模拟通道参数和转速通道参数，并对通道进行平衡、清零操作。

b. 单击“测量”—“参数设置”—“频谱分析”按钮，在“输入”列表框中勾选“AI1－5”和“AI1－7”通道，并如图 3.45 所示设置其他参数。

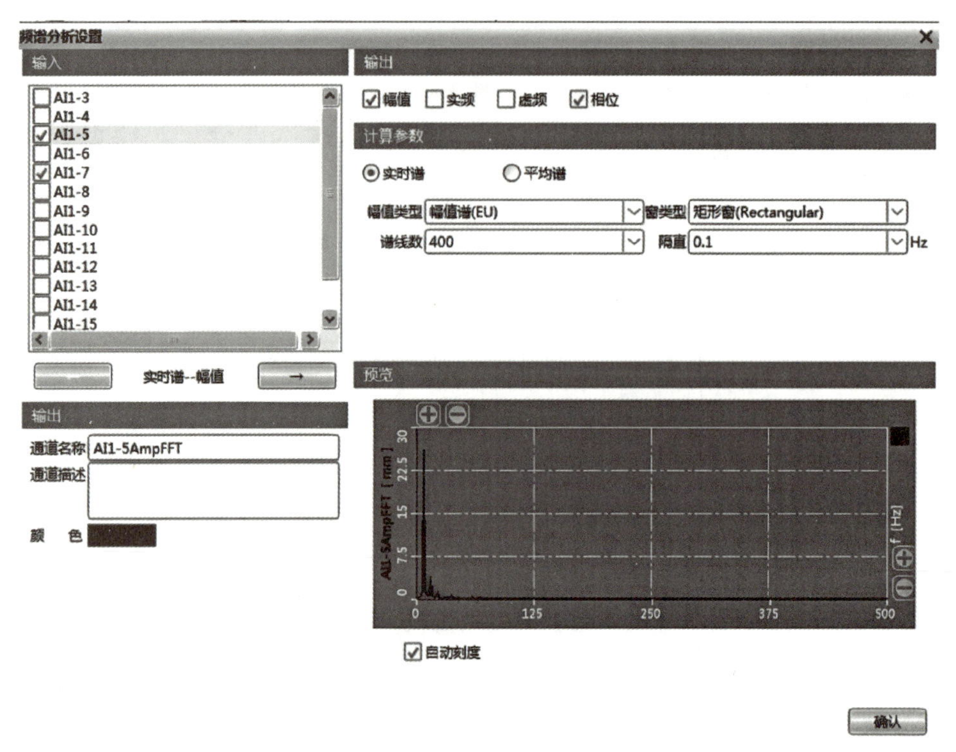

图 3.45　频谱分析设置参考

④ 实验步骤。

a. 单击“测量”—“图形区设计”—“3D 图谱”按钮，新建一个“3D 图谱”窗口，选择涡流信号输入通道为窗口显示内容。

b. 在采样停止状态下，将光标放到 3D 图谱上，按住左键，可以转动 3D 图谱视图，调整角度，在参数设置中将“Y 轴类型”设置为转速，选择参考转速为“SPEED1－1”，如图 3.46 所示。

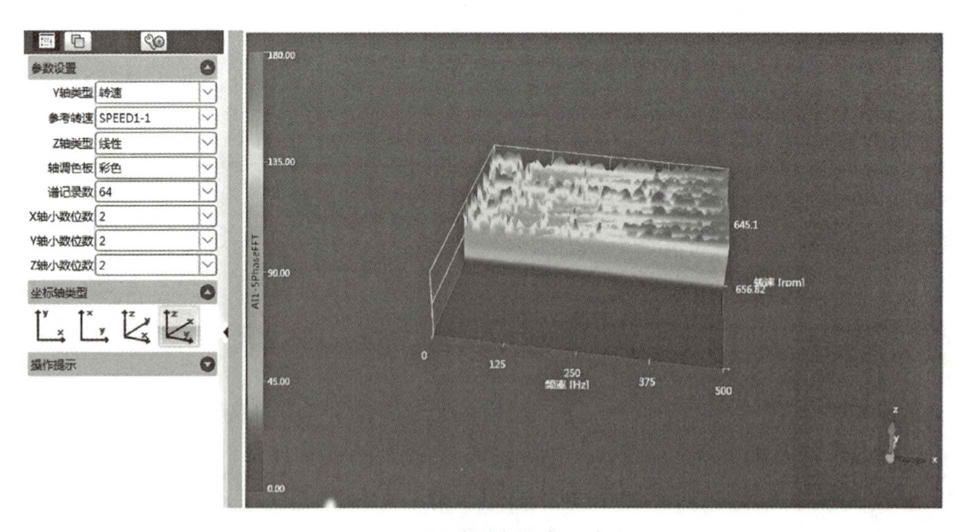

图 3.46　级联图参数设置参考

c. 接通转子实验台控制器电源，打开控制器开关，调节调速旋钮，使转子实验台转动起来，并逐渐升速，开始采样，单击3D图谱将实时显示光标所在点的频率、时间、幅值等信息。

d. 停止采样，在“参数设置”中将“Y轴类型”设置为时间，其余参数不变，图形窗口所显示图谱为瀑布图，如图3.47所示。

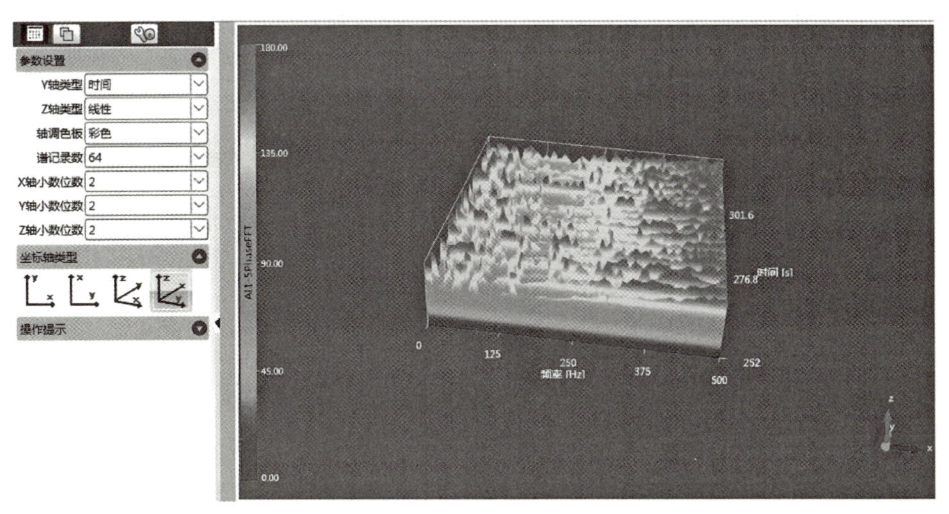

图3.47 瀑布图参数设置参考

e. 开始实验，实验过程同级联图实验，瀑布图既可以用于分析瞬态过程，又可用于分析稳态过程。

f. 观察级联图与瀑布图的区别。

(4) 完成实验。

实验完成后，先停止采样，关闭软件后，再关闭仪器电源，将实验台收拾干净后方可离开。

(5) 实验结果记录和分析。

记录级联图、瀑布图的显示结果，并对结果进行分析。

6. 转子不平衡的故障机理研究与诊断

转子不平衡是转子部件质量偏心或转子部件出现缺损造成的故障，它是旋转机械最常见的故障。据统计，旋转机械约有一半以上的故障与转子不平衡有关。因此，对转子不平衡故障机理的研究与诊断具有重要的实际意义。

(1) 实验目的。

① 了解转子不平衡的种类及造成转子不平衡的原因。

② 掌握转子不平衡故障的主要振动特征。

③ 了解转子不平衡的故障诊断方法及治理措施。

(2) 实验原理。

① 转子不平衡的种类。

造成转子不平衡的具体原因很多，按发生转子不平衡的过程可将其分为原始性转子不平衡、渐发性转子不平衡和突发性转子不平衡等。

a. 原始性转子不平衡：由转子制造误差、装配误差及材质不均匀等因素造成，如出厂时动平衡没有达到平衡精度要求，在投用之初便会产生较大的振动。

b. 渐发性转子不平衡：由转子上有不均匀结垢、介质中粉尘的不均匀沉积、介质中颗粒对叶片及叶轮的不均匀磨损及介质对转子的磨蚀等因素造成，其表现为振值随运行时间的延长而逐渐增大。

c. 突发性转子不平衡：由转子上零部件脱落或叶轮流道有异物附着、卡塞等因素造成，其表现为机组振值突然显著增大后稳定在一定水平上。

转子不平衡按其机理又可分为静失衡、力偶失衡、准静失衡、动失衡等。

② 转子不平衡的机理。

设转子的偏心质量为 m，偏心距为 e，如果转子的质心到两轴承连心线的垂直距离不为零，具有挠度 a，如图 3.48 所示。

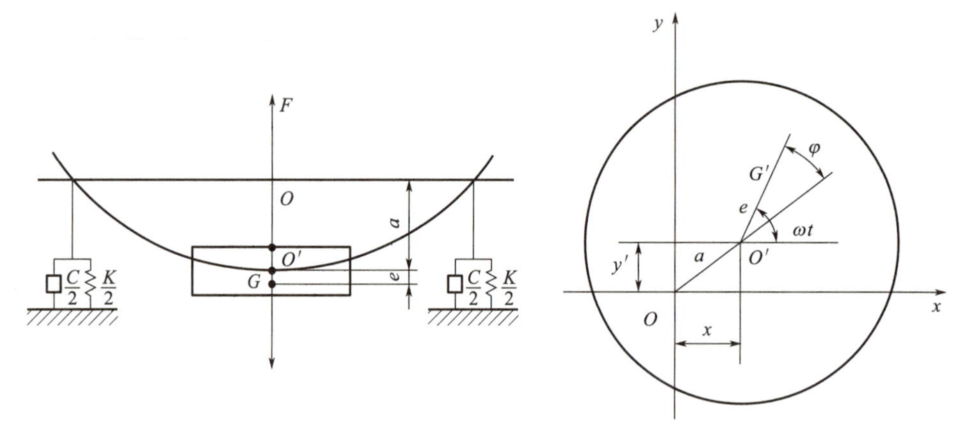

图 3.48　转子力学模型

由于偏心质量 m 和偏心距 e 的存在，转子转动时将产生离心力、离心力矩或二者兼有。离心力 F 的大小与偏心质量 m、偏心距 e 及旋转角度 ω 有关，即 $F=me\omega^2$。交变的力（方向、大小均周期性变化）会引起振动，这就是转子不平衡会引起振动的原因。

③ 转子不平衡的特征。

在实际工程中，由于轴各方向上的刚度有差别，特别是由于支承刚度各向不同，转子对平衡质量的响应在 x 方向、y 方向上不仅振幅不同，而且相位差也都不是 90°，因此转子的轴心轨迹不是圆而是椭圆，如图 3.49 所示。

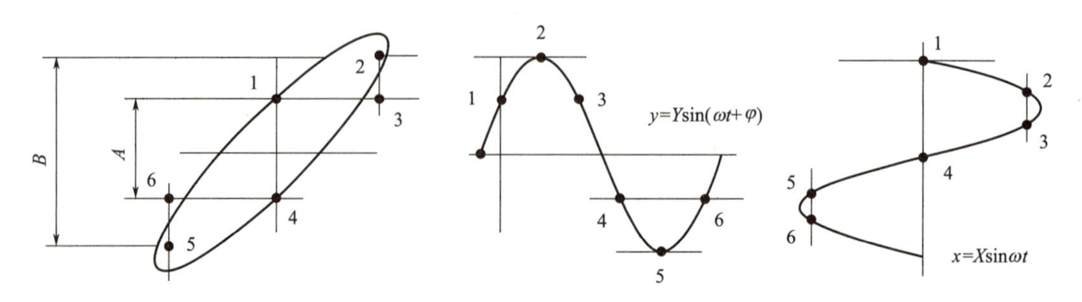

图 3.49　转子的轴心轨迹

由上述分析可知，转子不平衡的主要振动特征如下。

a. 振动的时域波形近似为正弦波。

b. 在频谱图中，谐波能量集中于基频，并且会出现较小的高次谐波，使整个频谱呈树形，如图3.50所示。

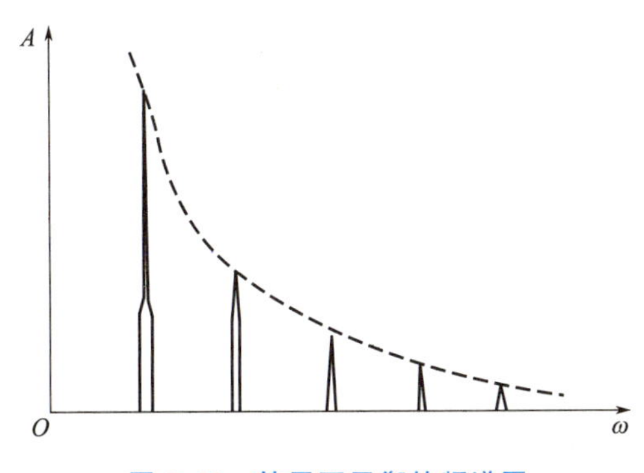

图3.50 转子不平衡的频谱图

c. 当$\omega<\omega_n$时，即转速在临界转速以下，振幅随转速的增加而增大；当$\omega>\omega_n$时，即转速在临界转速以上，随着转速的增加，振幅趋于一个较小的稳定值；当ω接近ω_n时，即转速接近临界转速，此时发生共振，振幅具有最大峰值。振动幅值对转速的变化很敏感，如图3.51所示。

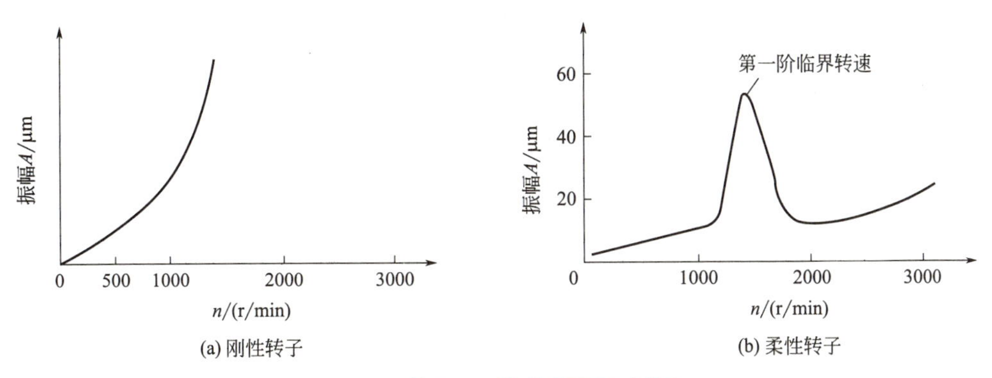

图3.51 转子不平衡的主要振动特征

d. 当工作转速一定时，相位稳定。

e. 转子的轴心轨迹为椭圆。

f. 从转子的轴心轨迹观察其振动特征为同步正进动。

(3) 实验步骤。

① 转子实验台及电涡流位移传感器的安装。

和转轴的径向振动测量实验相似，将设备安装好，准备实验。在转子圆盘的某个位置集中加上配重，使整个转子实验台产生明显的不平衡状态。调整电涡流位移传感器的位置，将其安装在转子圆盘附近，用来测量转子不平衡造成的振动，如图3.52所示。

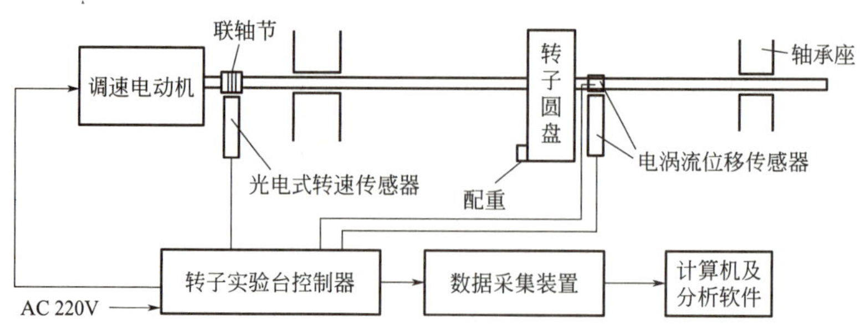

图 3.52 转子不平衡实验设备安装示意图

② 转子实验台控制器的设置。

按转轴的径向振动测量实验设置转子实验台控制器，使其最高转速不超过 1900r/min。

③ 软件准备工作。

a. 连接仪器，接通电源，设置通道参数，并对通道进行平衡、清零操作。

b. 参数设置可参考图 3.43。

④ 实验步骤。

a. 接通转子实验台控制器电源，打开开关，启动控制器，使转子实验台转动起来（操作见说明书第二部分转子实验台控制器操作说明），使转子实验台稳定在某一转速。

b. 单击“测量”—“图形区设计”—“2D 图谱”按钮，建立两个“2D 图谱”窗口，分别选择为相应涡流通道的 Resampling（重采样波形）、Order（阶次谱）；选择“记录仪”，建立一个“记录仪”窗口，选择电涡流位移传感器采集到的信号的时域波形，建立一个“XY 记录仪”窗口，选择两个电涡流位移传感器信号通道作为 x 轴和 y 轴，此“XY 记录仪”窗口显示两个通道合成的轴心轨迹图；通道平衡、清零后，启动采样。

c. 此时可在时域分析波形中观察到由电涡流位移传感器得到的位移信号曲线，改变转速（升高或降低转速），观察曲线的变化情况。在降低转速后，位移信号曲线的位移值会逐渐变小；在转速升高后，位移信号曲线的幅值会不断增大，且时域波形接近正弦波，如图 3.53 所示。

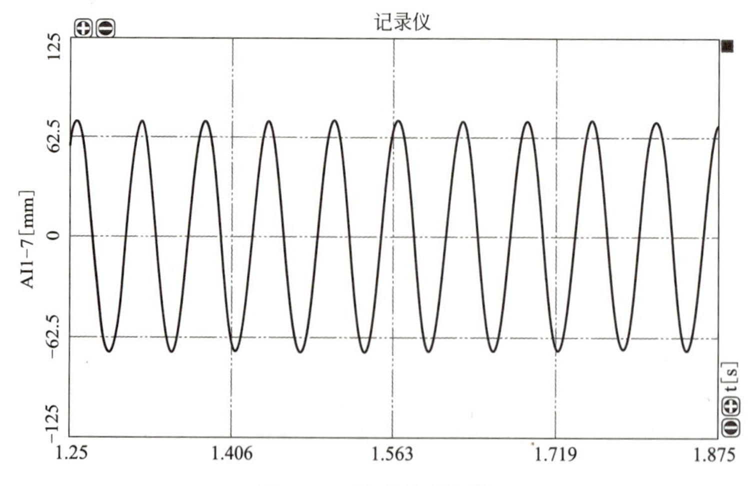

图 3.53 位移信号曲线

d. 选择阶次谱图，观察对应电涡流位移传感器所在位移信号曲线的阶次谱图。在阶次谱图中，其主要特征频率为基频，常伴有较小的高次谐波频率成分，如图 3.54 所示。

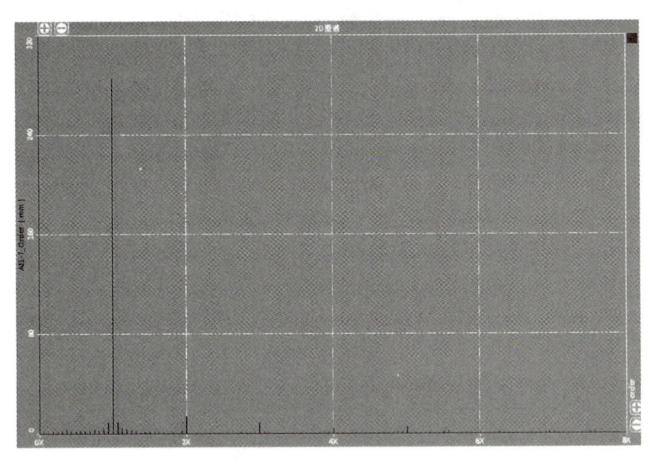

图 3.54　位移信号曲线的阶次谱图

e. 选择轴心轨迹图，观察电涡流位移传感器在水平位置和垂直位置所得到的位移信号组成的轴心轨迹图，其呈椭圆形，如图 3.55 所示。

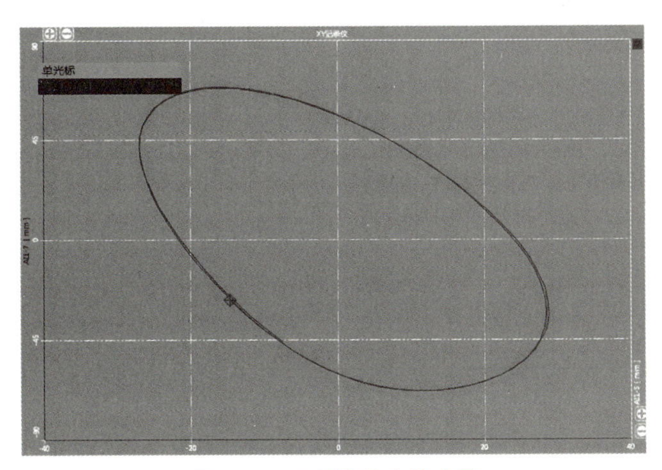

图 3.55　不平衡轴心轨迹图

f. 改变转子上不平衡质量块的位置和质量，重新观察位移信号曲线、阶次谱图和轴心轨迹的变化情况，并结合转子不平衡故障的特征进行分析和诊断。

⑤ 转子不平衡的诊断方法。

转子不平衡的振动特征及振动敏感参数见表 3－10 和表 3－11。

表 3－10　转子不平衡的振动特征

序号	特征参量	故障种类		
		原始性转子不平衡	渐变性转子不平衡	突发性转子不平衡
1	时域波形	正弦波	正弦波	正弦波

续表

序号	特征参量	故障种类		
		原始性转子不平衡	渐变性转子不平衡	突发性转子不平衡
2	特征频率	基频	基频	基频
3	常伴频率	较小的高次谐波	较小的高次谐波	较小的高次谐波
4	振动稳定性	稳定	逐渐增大	突发性增大后稳定
5	振动方向	径向	径向	径向
6	相位特征	稳定	渐变	突变后稳定
7	轴心轨迹	椭圆	椭圆	椭圆
8	进动方向	正进动	正进动	正进动
9	矢量区域	不变	渐变	突变后稳定

表 3-11　转子不平衡的振动敏感参数

序号	敏感参数	随敏感参数变化情况		
		原始性转子不平衡	渐变性转子不平衡	突发性转子不平衡
1	振动随转速变化	明显	明显	明显
2	振动随油温变化	不变	不变	不变
3	振动随介质温度变化	不变	不变	不变
4	振动随压力变化	不变	不变	不变
5	振动随流量变化	不明显	不明显	不明显
6	振动随负荷变化	不明显	不明显	不明显
7	其他识别方法	低速时振幅趋于零，运行初期振幅就较大	随着运行时间的推移，振幅逐渐增大	振幅突然增大，然后逐渐稳定

原始性转子不平衡、渐变性转子不平衡和突发性转子不平衡的共同点较多，但可以从以下两个方面对其进行甄别。

a. 振幅变化趋势不同。

原始性转子不平衡：在运行初期机组的振幅就较大，如图 3.56(a) 所示。

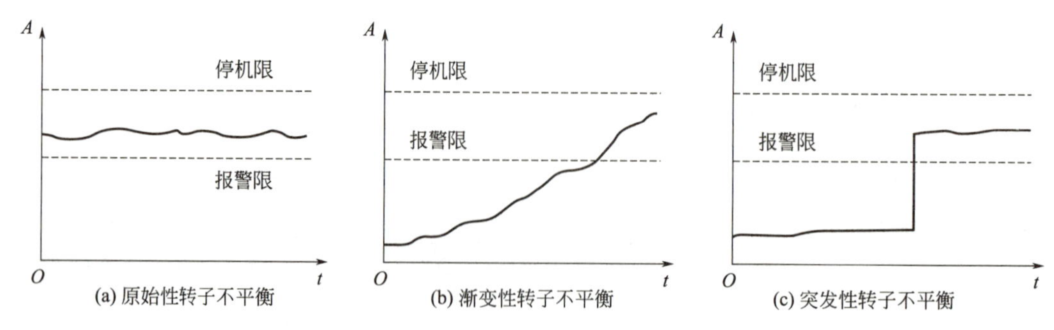

图 3.56　几种不同性质的不平衡的振幅变化趋势

渐变性转子不平衡：运行初期机组振幅较小，随着时间的推移，振幅逐渐增大，如图 3.56(b) 所示。

突发性转子不平衡：振幅突然增大，然后稳定在一个较高的水平，如图 3.56(c) 所示。

b. 矢量域变化不同。

原始性转子不平衡：矢量域稳定于某一允许的范围，如图 3.57(a) 所示。

渐变性转子不平衡：矢量域逐渐变化，如图 3.57(b) 所示。

突发性转子不平衡：矢量域在某一时刻发生突变，然后稳定，如图 3.57(c) 所示。

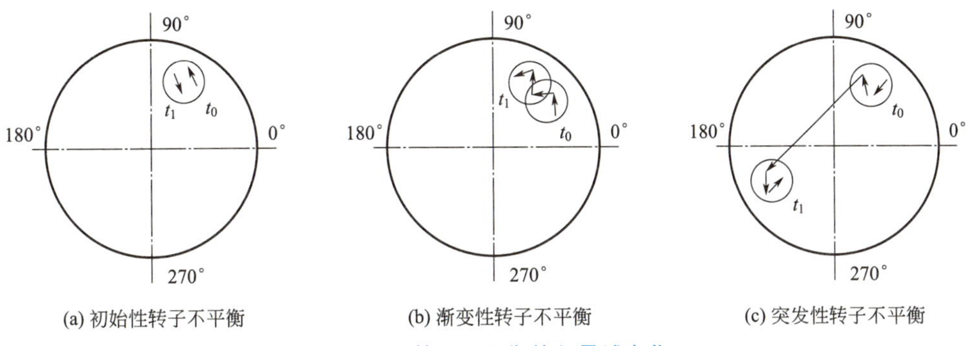

(a) 初始性转子不平衡　(b) 渐变性转子不平衡　(c) 突发性转子不平衡

图 3.57　转子不平衡的矢量域变化

⑥ 转子不平衡的故障原因分析及治理措施。

上述三类转子不平衡的故障原因分析及治理措施见表 3－12。

表 3－12　转子不平衡的故障原因分析及治理措施

序号	分类	主要原因		
		原始性转子不平衡	渐变性转子不平衡	突发性转子不平衡
1	设计原因	结构不合理	结构不合理，易结垢； 材质不合理，易腐蚀	结构不合理，应力集中； 系统设计不合理，造成异物进入流道
2	制造原因	制造误差大； 材质不均匀； 动平衡精度低	材质用错； 光洁度不够，易结垢； 表面处理不好，易腐蚀	热处理不良，有应力； 入口滤网制造缺陷
3	安装维修	转子上零部件安装错误； 零件漏装	转子未除垢	转子有较大预负荷
4	操作运行		介质带液，造成腐蚀； 介质脏，造成结垢	超速、超负荷运行； 入口阻力大，导致部件损坏，进入流道； 介质带液，导致腐蚀断裂

续表

序号	分类	主要原因		
		原始性转子不平衡	渐变性转子不平衡	突发性转子不平衡
5	状态劣化	转子上配合零件松动	转子回转体结垢； 转子腐蚀	腐蚀； 超期服役
6	治理措施	按技术要求对转子进行动平衡； 按要求对位安装转子上的零部件； 消除转子上松动的部件	转子除垢，进行修复； 定期检修； 保证介质清洁，不带液，防止结垢和腐蚀	停机检修，更换损坏的转子； 停机清理流道异物； 消除应力，防止转子损坏

(4) 完成实验。

实验结束后，停止采样，关闭转子实验台电源，将设备归位后方可离开。

(5) 实验结果记录和分析。

记录实验过程及结果数据，对结果进行截图并分析。

3.2.4 转子实验台测试分析实训报告

转子实验台测试分析实训包括五个实验，可从下列实验中选取。

(1) 搭建转子台实验系统及仪器调试。

(2) 转轴的径向振动测量。

(3) 旋转机械振动相位的检测。

(4) 转轴的临界转速测量。

(5) 级联图瀑布图的显示。

(6) 转子不平衡的故障机理研究与诊断。

转子台测试实训大组的同学，其实训内容包括以下三部分。

(1) 测试系统搭建。

(2) 除实训项目六外，自选本小组五个实验中的三个。

(3) 必选本小组实训项目六。

“测试系统搭建”的报告内容包括以下四部分。

(1) 实验目的。

(2) 实验内容。

(3) 测试系统的组成。

(4) 测试系统搭建步骤。

① 描述系统组件的具体安装步骤，包括连接方法及连接顺序等。

② 传感器连接步骤（给出具体过程描述，如连接方法及连接顺序等）。

③ 注意事项。

每个自选实验项目的报告内容包括以下内容。

（1）实验目的。
（2）实验原理。
（3）测试系统的组成。
（4）实验步骤。
（5）实验结果和分析。
（6）实训总结（心得、体会、认识）。

3.3 实训项目3：以项目为导向的综合测控实训

3.3.1 实训目的

以项目为导向，训练学生围绕测试对象综合运用所学的测试理论与技术，系统完成测试方案的设计、测试系统的搭建、信号采集与分析等各测试环节，提高其测试技术的基本技能和动手能力。

3.3.2 实训内容指导

以项目为导向，以问题为目标，围绕要解决的问题，综合运用测试理论与技术，系统完成以下环节。

(1) 检测任务分析。

(2) 检测方法及传感器选择。

(3) 测试系统搭建及仪器连接与调试。

(4) 实验及信号后处理。

(5) 结果的有效性验证。

3.3.3 实训项目案例

(1) 基于电涡流位移传感器的测距方法研究。

(2) 一发一收式涡流测厚系统设计。

(3) 涡流探伤传感器的优化设计。

(4) 基于神经网络的缺陷定量方法研究。

(5) 传动轴构件的振动检测方案设计。

3.3.4 实训项目考核标准

(1) 检测任务分析的正确性。

(2) 检测方法及传感器选择的适当性。

(3) 检测方案及检测的可行性。

(4) 实训报告内容的完整性、书写的认真和工整程度。

3.4 知识拓展

3.4.1 模态分析的操作及相关理论研究

机械结构的固有模态分析是理解其动力学特征的重要手段，广泛应用于工程设计、故障诊断和健康监测等领域。通过模态分析，研究人员可以获得结构的真实模态参数，这对于评估结构健康状态、预测疲劳寿命及优化设计都具有重要意义。

1. 模态分析的基本操作过程

（1）实验准备。

① 设备选择：为了准确捕捉结构的振动特征，需选用合适的激励方式和响应测量装置。常见的激励方式有锤击、激振器激振等；响应测量则采用压电式加速度传感器、激光多普勒测振仪等高精度传感器。此外，需配备数据采集装置和计算机及分析软件，以实现对振动信号的有效记录和分析。

② 测点布置：测点位置的选择直接影响模态参数识别的准确性。一般来说，应在结构的关键部位均匀布置多个测点，确保覆盖所有可能的振动区域。对于大型复杂结构，可以通过逐步加密测点的方法来提高分辨率，同时注意避免因测点过多而引入额外误差。

（2）测试实施。

① 激励施加：根据选定的激励方式，按预定方案对结构施加适当的冲击或周期性载荷。在实际操作中，应尽量保证每次激励的能量一致且方向稳定，以便获得稳定的响应信号。对于某些特殊应用场景，如旋转机械的不平衡响应测试，还需考虑同步触发机制，确保激励与响应之间的时序关系明确。

② 数据采集：在激励施加的同时，启动数据采集装置记录各测点的响应信号。为了减少噪声干扰，建议采用多次重复试验取平均值的方法，并对原始数据进行必要的预处理，如滤波、去噪等。此外，需特别关注采样频率的选择，确保能够充分捕捉感兴趣的频带范围内的振动信息。

（3）数据分析。

② 频响函数计算：频响函数是描述结构动态特性的关键指标之一。通过对激励信号和响应信号进行傅里叶变换，可以得到二者之间的复数比例关系，即频响函数。频响函数不仅包含模态频率信息，还反映阻尼比和模态形状等其他参数信息。

② 模态参数识别：利用频响函数数据，结合多种算法（如最小二乘复频域法、随机减量技术等），可以识别出结构的模态参数。这些参数不仅有助于深入了解结构的内在动力学特性，而且为后续的模型修正和验证提供了重要依据。值得注意的是，不同算法各有优劣，需根据具体情况灵活选用。

（4）结果解释与应用。

① 模态可视化：将识别出的模态参数转化为直观的图形展示，如动画演示、三维云图等，便于用户理解和交流。这种可视化表达方式不仅可以清晰呈现各模态的振型特点，

还能揭示不同模态之间的相互关系，为进一步分析提供便利。

② 工程应用：模态分析的结果可以直接应用于实际工程中。例如，在汽车悬架系统的开发过程中，通过模态分析可以找到影响乘坐舒适性的主要振动模式，并据此调整相关参数；在风力发电机组的运营和维护管理中，可利用模态测试及时发现叶片损伤等问题，提前采取维护措施，延长设备的使用寿命。

2. 模态分析的相关理论研究

模态是指机械结构在自由振动时所表现出的一种特定运动形态，它由模态频率、模态阻尼比和模态形状三个基本参数描述。每个模态对应一个独立的振型，反映结构在该频率下的振动特性。模态分析能够揭示结构内部的动力学特性，帮助工程师更好地理解其工作机理，发现潜在问题并采取相应措施。例如，在桥梁建设中，通过模态分析可以确定桥体的主要振动模式，为抗震设计提供依据；在航空发动机制造过程中，可利用模态测试确保叶片的安装精度和运行稳定性。

（1）模态分析的经典理论。

① 线性模态分析：线性模态分析是最早被提出且应用最广泛的模态分析方法。它基于结构动力学方程，通过求解特征值问题来确定模态参数。虽然线性模态分析简单易懂，但对于含有非线性元件或发生大变形情况下的结构，其往往不再适用，因此需要引入非线性模态分析方法。

② 非线性模态分析：非线性模态分析考虑材料非线性、几何非线性等因素的影响，能够更真实地反映复杂结构的动力学特性。近年来，随着计算能力的提升和数值仿真技术的发展，非线性模态分析逐渐成为研究热点。常用的非线性模态分析方法包括有限元法、边界元法等，它们各自拥有独特的优点和适用范围。

（2）模态参数识别算法。

① 最小二乘复频域法。最小二乘复频域法是一种经典的模态参数识别算法，通过最小化频率响应函数的实部和虚部残差平方和来估计模态参数。该算法具有较高的精度和较好的稳定性；但计算量较大，尤其在处理大规模复杂结构时效率较低。

② 随机减量技术。随机减量技术是一种基于时间序列分析的模态参数识别算法，通过递归计算自相关函数的衰减速率来确定模态频率和阻尼比。与最小二乘复频域法相比，随机减量技术具有计算快、抗噪能力强等优点；但在信噪比较低的条件下可能会出现误判。

③ 子空间识别法。子空间识别法是一种新兴的模态参数识别算法，通过构造观测矩阵并对其进行奇异值分解来提取模态参数。该算法无须直接求解特征值问题，具备良好的鲁棒性和泛化能力，适用于大型稀疏系统的模态分析。

（3）模态分析的应用拓展。

① 结构健康监测。结构健康监测旨在通过对结构振动特性的长期跟踪，及时发现潜在损伤并采取预防措施。模态分析作为其中的核心技术之一，可以通过对比新旧模态参数的变化来判断结构是否受损。例如，在桥梁健康监测中，若某次模态测试结果显示某一振型发生了显著改变，则可能由于桥墩出现了裂缝或其他问题，需立即进行进一步检查。

② 故障诊断与预测维修。在机械设备的故障诊断中，模态分析同样发挥着重要作用。

通过对设备正常运行状态下和故障状态下的模态参数对比分析，可以快速定位故障源并确定其严重程度。此外，结合大数据分析和机器学习算法，可以实现对设备剩余使用寿命的预测，从而制订科学合理的维护计划，提高生产效率，降低成本。

③ 振动控制与减振设计。振动控制的目的是抑制有害振动，改善结构的工作环境和使用性能。模态分析可以帮助设计师找到结构的主要振动模式，进而采取相应的减振措施，如增加阻尼器、调整质量分布等。近年来，随着主动控制技术和智能材料的发展，振动控制系统正朝着智能化、自适应方向发展，为各行各业带来了更多可能性。

3.4.2 转子动力学的操作及相关理论研究

机械转子是旋转机械设备的核心部件，其运行状况直接关系整个系统的安全性和可靠性。因此，对其进行精确的振动测试分析显得尤为重要。

1. 转子动力学分析的基本操作过程

转子动力学分析的基本操作过程同3.4.1节模态分析的基本操作过程。

2. 转子动力学的理论基础

转子动力学是一门研究旋转机械系统在启动、稳态运行和停机过程中所表现出的动力学特性的学科。它涵盖了从简单的刚性转子到复杂的柔性转子的各种情况，旨在揭示转子内部应力、变形及其对外部激励的响应规律。

准确掌握转子的振动特性对于保障机械设备的安全稳定运行至关重要。例如，在航空发动机中，叶片的振动可能引发疲劳断裂，导致灾难性事故；在电力发电机中，转子不平衡引起的振动会降低发电效率并缩短设备寿命。因此，通过振动测试分析可以及时发现潜在问题并采取预防措施。

(1) 刚体转动方程。

对于刚性转子，其运动可以用经典力学中的刚体转动方程描述：

$$I\ddot{\boldsymbol{\theta}}+c\dot{\boldsymbol{\theta}}+k\boldsymbol{\theta}=\boldsymbol{T}(t) \tag{3-18}$$

式中，I 为转动惯量；c 为阻尼系数；k 为弹性恢复力系数；$\ddot{\boldsymbol{\theta}}$ 为角加速度；$\dot{\boldsymbol{\theta}}$ 为角速度；$\boldsymbol{\theta}$ 为角位移；$\boldsymbol{T}(t)$为外加转矩。

通过求解上述方程，可以获得转子的固有频率和振型等关键信息。

(2) 弹性支承条件下转子的运动方程。

在实际应用中，转子往往不是完全刚性的，而是具有一定柔性的。此时需要考虑弹性支承的影响，建立更为复杂的运动方程。常用的模型包括集中质量-弹簧-阻尼系统和连续介质模型。这些模型能够更真实地反映转子的动力学特性，尤其适用于高速运转或存在较大变形的场合。

3. 转子动力学的相关理论研究

(1) 转子动力学的经典理论。

① 线性转子动力学：线性转子动力学假设转子在其平衡位置附近小幅度振动，此时可用线性微分方程组描述其运动状态。这类模型适用于大多数低速、轻载条件下的转子系

统，能够较为准确地预测转子的基本振动特性。然而，随着转速增加或负载加重，线性转子动力学逐渐失效，需引入非线性转子动力学。

② 非线性转子动力学：参见 3.4.1 节非线性模态分析内容。

（2）转子常见故障类型及其产生原因。

① 不平衡：不平衡是指转子的质量中心与其旋转轴线不重合，从而产生离心力，导致振动。产生原因包括制造误差、装配不当、磨损不均等。不平衡是常见的转子故障，通常表现为低频宽带振动，可通过动平衡校正加以改善。

② 不对中：不对中是指联轴器两端转子轴线不在同一直线上，从而产生附加弯矩和扭转力矩，进而引起振动。常见的不对中包括平行不对中、角度不对中及平行和角度不对中。不对中故障往往伴随特定频率的谐波成分，通过调整联轴器的位置可以有效缓解。

③ 摩擦接触：摩擦接触发生在转子与轴承、密封件等部件之间，可能导致局部过热、磨损加剧等问题。当摩擦力超过一定阈值时，还会诱发自激振动，严重时甚至引发失稳现象。针对此类故障，需优化润滑条件、改进密封设计，确保摩擦副间的良好配合。

（3）振动测试分析在转子故障诊断中的作用和局限性。

振动测试分析是转子故障诊断的重要手段。通过对比正常运行状态下和故障状态下的振动信号特征，可以快速定位故障源并确定其严重程度。

尽管振动测试分析在转子故障诊断中发挥了重要作用，但仍然存在一些局限性。例如，某些早期故障可能尚未引起明显的振动变化，难以用常规方法检测到；另外，复杂工况下多种故障并发时，可能造成误判或漏诊现象。因此，在实际应用中需综合运用其他无损检测技术（如超声波、红外成像等），以提高诊断的准确性。

3.4.3 基于创新教育理念的综合实训

1. 创新教育的理念

创新教育是一种以培养学生的创新思维、创新能力和社会责任感为核心的教育理念。它不仅关注知识的传授，而且注重学生在面对复杂问题时的独立思考能力、创造力和解决问题的能力。创新教育的核心在于激发学生的潜能，鼓励他们突破传统思维模式，勇于尝试新的方法和技术，从而为社会的进步和发展作出贡献。

（1）以学生为中心。

创新教育强调“以学生为中心”的教学模式，尊重每个学生的个性差异，鼓励他们在学习过程中发挥主观能动性。教师的角色不再是单纯的知识传递者，而是引导者和支持者，教师应帮助学生发现自己的兴趣和潜力，培养他们的自主学习能力和批判性思维。

（2）跨学科融合。

创新教育提倡打破学科界限，促进不同学科之间的交叉融合。通过跨学科的学习，学生能够从多个角度理解和解决问题，从而增强综合运用知识的能力。例如，STEM（科学、技术、工程、数学）教育就是一种典型的跨学科教育模式，它不仅教授学生专业知识，还培养他们的实践能力和创新意识。

（3）问题导向学习。

创新教育鼓励学生通过解决实际问题来学习知识。问题导向学习是一种常见的教学方法，它使学生围绕现实中的复杂问题展开讨论和研究，培养他们的团队合作精神、沟通能力和创新能力。这种方法有助于学生将理论知识应用于实践，增强他们的社会责任感。

（4）终身学习与持续发展。

创新教育不仅存在于学校教育，而且贯穿于个人的整个生命周期。随着科技的快速发展和社会的不断变化，人们需要具备持续学习的能力，以适应新的挑战和机遇。创新教育旨在培养学生的终身学习意识，使他们能够在快速变化的世界中保持竞争力。

2. 创新教育的意义

创新教育的理念和意义不仅体现在学生的个人成长上，而且关系国家和社会的长远发展。通过培养学生的创新思维和实践能力，创新教育为社会输送了大量具有创造力和责任感的人才，推动了科学技术的进步和社会的可持续发展。因此，创新教育是教育改革的重要方向，也是应对未来全球竞争的关键所在。

（1）培养创新型人才。

在全球化竞争日益激烈的今天，国家和社会的发展离不开创新型人才的支持。创新教育通过培养学生的创造力、批判性思维和实践能力，帮助他们成为具有创新能力的人才，能够在未来的工作和生活中提出新颖的想法，推动科技进步和社会变革。

（2）提升国家竞争力。

创新是推动经济发展的核心动力。一个国家或地区的创新能力直接影响其在全球经济中的地位。创新教育可以为国家培养更多具有创新能力的专业人才，提升国家的整体竞争力。特别是在高科技领域，创新人才的涌现将为国家带来更多的发展机遇。

（3）促进社会进步。

创新教育不仅培养科学家和技术专家，还关注如何通过创新思维解决社会问题。例如，在环境保护、医疗健康、教育公平等领域，创新思维可以帮助我们找到更有效的解决方案，促进社会的可持续发展。创新教育培养的学生不仅具备专业知识，还拥有强烈的社会责任感，能够为构建更加和谐、公正的社会贡献力量。

（4）应对未来挑战。

随着人工智能、大数据、区块链等新兴技术的快速发展，未来社会可能面临更多的不确定性和复杂性。创新教育能够帮助学生更好地适应这些变化，培养他们的灵活性和应变能力。通过创新教育，学生可以学会如何在未知的环境中发现问题、分析问题并提出创新性的解决方案，从而更好地应对未来的挑战。

（5）激发个人潜能。

每个人都有独特的天赋和潜力，但传统的教育模式往往忽视了个体差异，导致许多学生的潜能未能得到充分开发。创新教育则通过个性化的教学方式，鼓励学生探索自己的兴趣和特长，挖掘他们的内在潜力。这种教育模式不仅有助于学生的全面发展，还能让他们在未来的生活中找到属于自己的定位，实现自我价值。

3. 以项目为导向的综合测控实训

以项目为导向的综合测控实训是现代工程教育的重要组成部分，旨在通过实际项目的实施，培养学生的综合能力和解决复杂问题的能力。这种实训方式不仅能够加深学生对理论知识的理解，还能锻炼他们的团队协作、项目管理和创新思维等多方面素质。

项目导向学习是一种以学生为中心的教学方法，强调在真实或模拟的工作环境中完成特定任务或解决实际问题。这种方法鼓励学生主动参与、自主探索，通过实践操作和团队合作来获取新知识和新技能。在当今快速发展的科技时代，传统的课堂讲授式教学已难以满足社会对创新型人才的需求，以项目为导向的综合测控实训正好弥补了这一不足，它使学生在实践中发现问题、分析问题并解决问题，从而更好地适应未来职场的要求。此外，这种方式有助于提高学生的动手能力和创新能力，增强他们对专业的兴趣和热情。

设置本综合实训目的如下。

（1）知识应用。

通过具体项目的实施，学生能够将所学的专业知识灵活运用于实际问题，加深对专业知识的理解并巩固记忆。

（2）能力提升。

培养学生的实验设计、数据分析、报告撰写等多种科研能力，同时锻炼其沟通表达、团队协作等软技能。

（3）职业准备。

使学生提前接触行业前沿技术和应用场景，了解企业运作流程，为将来顺利进入职场做好充分准备。

4. 以项目为导向的综合实训过程

（1）项目选择与规划。

① 需求分析：首先明确实训的目标和要求，根据专业特点和学生兴趣选择合适的项目主题。每个项目都应具备一定的挑战性和实用性，这样既能激发学生的学习动力，又能帮助他们积累宝贵的实践经验。

② 方案制订：在确定项目主题后，指导教师需协助学生制订详细的实施方案，包括技术路线、时间安排、资源分配等。确保整个项目有条不紊地推进，避免因规划不当导致进度延误或质量问题。

（2）设备与工具准备。

根据项目需求选择适当的传感器、控制器、通信模块等硬件设备。对于复杂的测控系统，还需考虑数据采集卡、工控机等高性能计算平台的应用。此外，一些特殊的测试仪器（如示波器、频谱分析仪等）可能是必要的辅助工具。

（3）项目实施过程。

① 系统集成：将各子系统有机结合起来，形成一个完整的测控系统。这一步需要学生具备较强的综合协调能力和问题解决技能。

② 功能测试：对组装好的测控系统进行全面的功能测试，验证其是否满足预期要求。重点检查系统的稳定性、准确性和响应速度等关键性能指标，及时发现并修复潜在缺陷。对于某些特殊应用场景，还需进行长时间运行测试，以评估系统的可靠性和耐用性。

（4）数据分析与优化。

① 数据预处理：收集到的原始数据往往有噪声或异常值干扰，需经过去噪、滤波等预处理，使其更加干净、整齐。此外，需对不同来源的数据进行格式转换和标准化处理，

以便后续分析工作的开展。

② 特征提取与模型建立：从数据中提取有用信息，构建描述系统行为的数学模型。这些模型不仅可以揭示系统的内在规律，还能为预测未来趋势提供科学依据。例如，在风力发电机组项目中，可以通过历史数据训练神经网络模型，预测叶片损伤情况，提前采取维护措施。

③ 性能评估与优化：定期对测控系统的性能进行评估，寻找存在的不足之处，并提出改进建议。通过对算法参数调整、硬件升级等方式，不断提高系统的整体性能，最终达到最优状态。

（5）成果展示与交流。

① 报告撰写：要求学生根据项目进展情况撰写详细的技术报告，报告涵盖背景介绍、方案设计、实验结果等内容。报告应逻辑清晰、语言简洁，突出项目的创新点和应用价值。

② 答辩演示：组织公开答辩会，邀请专家评委和学生参加，听取学生的项目汇报并进行现场提问。这种方式可以促进学术交流，激发更多创新思路。

③ 作品展览：在校内举办作品展览活动，集中展示优秀项目成果，吸引更多师生关注和支持，同时为其他年级的学生树立榜样，营造良好的学习氛围。

本 章 总 结

本章详细介绍了机械结构固有模态分析、机械转子实验台的振动测试分析及以项目为导向的综合测控实训三个实训项目。

机械结构固有模态分析旨在揭示结构的动力学行为特征，即确定其固有的振动模式。通过模态分析可以获得结构的真实模态参数，这对于评估结构健康状态、预测疲劳寿命及优化设计都具有重要意义。本实训项目引导学生利用专业软件完成对典型机械结构的模态测试，掌握从实验规划、数据采集到结果解释的一系列流程，培养学生的动手能力和独立思考能力。

机械转子实验台作为旋转机械设备的核心部件，其运行状况直接关系整个系统的安全性和可靠性。因此，对其进行精确的振动测试分析显得尤为重要。本实训项目围绕真实的机械转子实验台展开，指导学生运用所学知识和技术手段对该转子实验台进行详细的振动特性测试。通过这一过程，学生不仅能够加深对理论知识的理解，还能积累宝贵的实践经验，为未来从事相关领域的工作打下坚实的基础。

以项目为导向的综合测控实训是一种创新的教学模式，它打破了传统课堂讲授与实践操作分离的局面，使学生在一个完整的工程项目背景下进行学习。在整个实训过程中，学生需要组建团队、制订计划、分工协作，并最终完成既定目标。这种方式不仅有助于巩固专业知识，还能锻炼解决问题能力和沟通协调技能。更重要的是，它激发了学生的创造力和主动性，使学生能够更好地适应未来职场的需求。

习　　题

一、简答题

3-1　什么是模态分析？模态分析的目的是什么？模态分析有什么作用？

二、应用题

3-2　针对3.3节给出的五个综合实训案例，查阅相关资料，给出各案例的解决思路、传感器选择、测量框图及实现步骤。

3-3　心电图仪包含导联线、电极、放大器、记录装置等部件。检测时，将导联线上的电极贴片连接到四肢、胸部等身体特定部位，以捕捉心脏发出的微弱电信号。图3.58所示为利用心电图仪从人体上获得的初始心脏跳动检测信号。

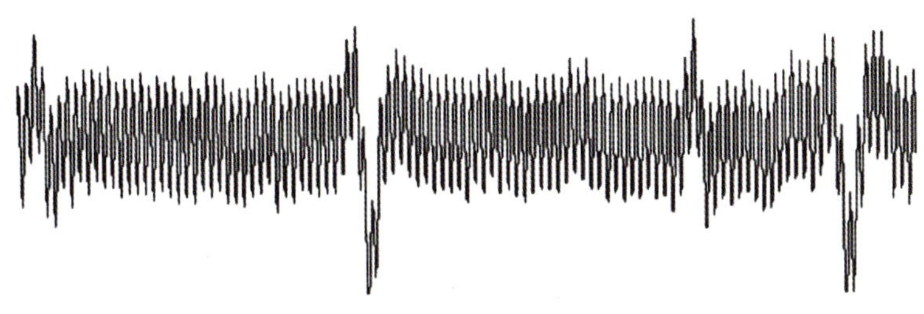

图3.58　利用心电图仪从人体上获得的初始心脏跳动检测信号

(1) 根据图示的检测信号波形判断，检测信号是否含有噪声？若有，指出是哪种噪声？这种噪声可能是什么因素导致的？

(2) 可以采取哪些措施来消除这种噪声？

(3) 这种噪声可导致哪种误差？如何消除这种误差？

3-4　使用两个电涡流位移传感器测量钢板厚度，有高频反射式和低频投射式两种检测方案。

(1) 分别画出这两种检测方案的探头布置图，并说明其工作原理。

(2) 这两种检测方案有什么区别？哪种方案的测量精度更高？为什么？

3-5　在使用电涡流位移传感器对钢管进行探伤的过程中，得到的检测信号如图3.59所示。

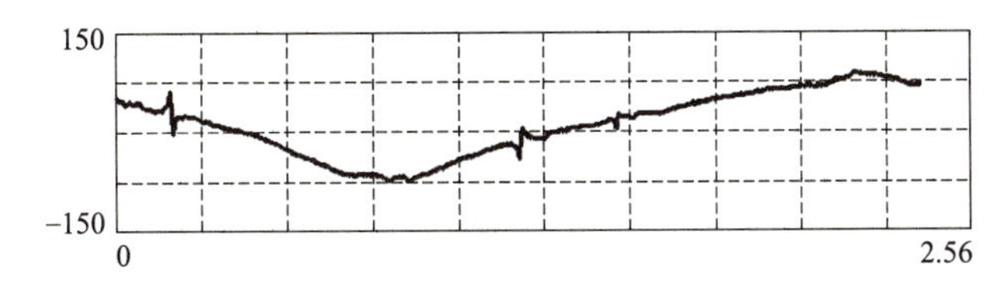

图3.59　使用电涡流位移传感器对钢管进行探伤得到的检测信号

(1) 根据图示的检测信号波形判断，检测信号是否含有噪声？若有，指出是哪种噪声？这种噪声是什么因素导致的？

(2) 可以采取哪些措施来消除这种噪声？

(3) 这种噪声可导致哪种误差？如何消除这种误差？

3－6 设计一个用电涡流位移传感器实时监测轧制铝板厚度的装置，要求如下。

(1) 画出装置框图。

(2) 说明其工作原理。

(3) 说明这两种传感器各自的特点。

3－7 如图 3.60 所示，地下输油管道在 C 处发生漏损，A、B 处为地面到管道处所挖的坑道。现欲使用距离传感器确定漏损的具体位置，试问需要使用几个距离传感器？如何布置这些距离传感器（请说明并在图 3.60 中直接画出）？使用什么信号分析方法来确定漏损位置？请写出漏损位置的具体计算式。

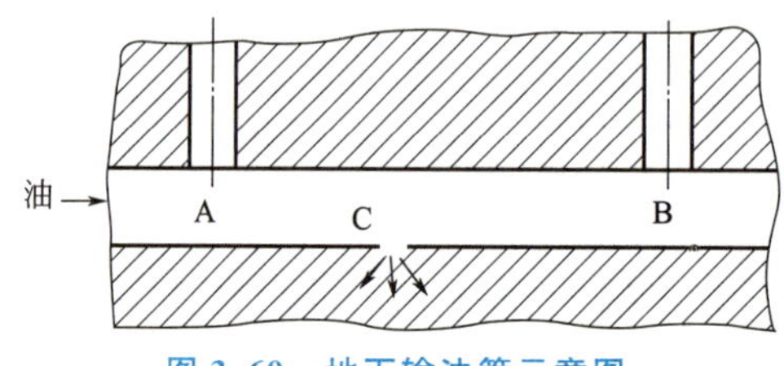

图 3.60 地下输油管示意图

3－8 有一批涡轮机叶片，需要检测叶片表面是否有裂纹，试问适合使用哪种传感器来检测？选用传感器时应注意哪些问题？

3－9 现有压电式加速度传感器、压电式力传感器、磁电式速度传感器、电阻应变片、电荷放大器、功率放大器、信号发生器、激振器、数据采集装置、计算机及分析软件。欲测试图 3.61(a) 所示的悬臂梁的动态特性参数，请从现有设备中选择，并用框图表示测试系统构成，简述测试过程；测得该梁的幅频特性曲线如图 3.61(b) 所示，根据该曲线如何确定悬臂梁的动态特性参数（如固有频率 ω_n 及阻尼比 ζ），请给出原理、公式，并在图中表示。

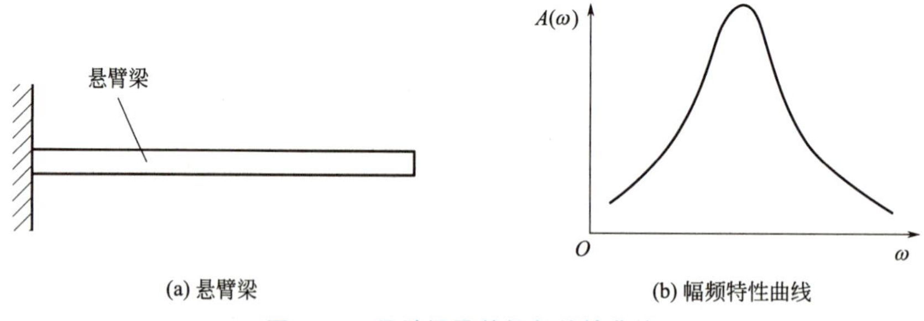

图 3.61 悬臂梁及其幅频特性曲线

第4章 振动测试的理论分析

4.1 基于 ANSYS 的振动测试理论分析

实验和理论在科学研究中相互依存、相互促进。实验为理论提供数据支持，而理论为实验提供指导和解释。二者之间的互动关系是推动科学和技术进步的重要机制。

模态分析是结构动力学中的一个重要分支，主要用于研究结构的动力特性，如系统固有频率、振型和阻尼比等。按求解方法分类，模态分析的理论分析可分为经典理论分析和数值理论分析。

基于数学和物理定律的经典理论分析通过解析方法（如微分方程、积分方程等）来解决各种问题。这种方法强调严格的数学推导和证明，通常用于简单系统或理想化条件下；而包括有限元分析在内的各种数值模拟技术通过离散化处理来近似求解复杂的非线性问题。这种方法依赖于计算机的强大计算能力，能够在一定程度上克服经典理论分析中的局限性，广泛应用于汽车、航空航天、建筑、电子等领域。

有限元分析软件 ANSYS Workbench 具有集成化操作环境、强大的 CAD 交互操作性、丰富的材料库和建模能力、高效的网格划分能力、强大的求解能力、优秀的后处理能力及支持多物理场耦合分析能力等。同时，其统一的 GUI 界面、拖拽式操作方式、自动化解决方案及丰富的教程和文档资源使得该软件具有优秀的易用性。这些特点使 ANSYS Workbench 成为工程师们进行仿真分析的首选工具之一。

ANSYS Workbench 的核心功能包括结构力学分析、流体动力学分析、电磁场分析、热分析、多物理场耦合分析、优化与不确定性分析、系统级仿真、高级后处理与可视化等。模态分析是该软件中一种重要的分析类型，主要用于确定结构的固有频率、振型和阻尼比。通过模态分析，工程师可以预测和优化结构在动态环境下的表现，确保其在预期的载荷条件下具有足够的稳定性和安全性。这对于航空航天、汽车、建筑和机械工程等领域的产品设计和验证至关重要。模态分析通过求解结构的本征值问题，可以获得一系列自然频率和对应的模态形状，这些模态形状描述了结构在特定频率下振动的方式。以下是 ANSYS Workbench 模态分析的主要特点和功能。

(1) 自然频率：确定结构在自由振动状态下的固有频率，即结构的共振频率。这有助于避免设计中可能出现的共振现象，因为共振可能导致结构损坏或失效。

(2) 模态形状：展示结构在特定频率下的振动方式，包括各部分的位移方向和振幅。这有助于识别可能在振动中受到较大应力的区域。

(3) 模态参与因子：评估在特定载荷作用下，各模态对结构响应的贡献程度。这有助于理解在动态载荷作用下结构的响应模式。

(4) 阻尼比：虽然模态分析通常是在理想化的无阻尼情况下进行的，但 ANSYS Workbench 也提供了考虑阻尼效应的选项，以更准确地反映实际结构的振动特性。

(5) 多点约束系统：ANSYS Workbench 支持复杂的多点约束系统。这有助于处理连接件、铰链和其他复杂边界条件。

(6) 子结构化技术：在大型结构的模态分析中，ANSYS Workbench 的子结构化技术通过将结构分解成较小的部分进行分析，然后重新组合结果，可以显著减少计算时间和资源需求。

(7) 参数化研究：允许用户改变材料属性、几何尺寸或其他设计参数，观察参数变化如何影响模态频率和模态形状，以优化设计。

(8) 后处理与可视化：ANSYS Workbench 提供了强大的后处理工具，可以生成详细的模态动画，直观展示结构的振动模式，便于工程师分析和解释结果。

下面以悬臂梁的模态分析为例，讲解使用 ANSYS Workbench 进行模态分析的具体操作过程。

如图 4.1 所示，有一个横截面为矩形的悬臂梁模型，要求分析其前五阶固有频率及振型。其几何参数及材料参数如下。

几何参数：长 $l=0.5$m；宽 $w=0.03$m；厚 $h=5\times10^{-3}$m。

材料参数：45 钢；弹性模量 $E=2.06\times10^{5}$MPa；泊松比 $\mu=0.3$；密度 $\rho=7890$kg/m^{3}。

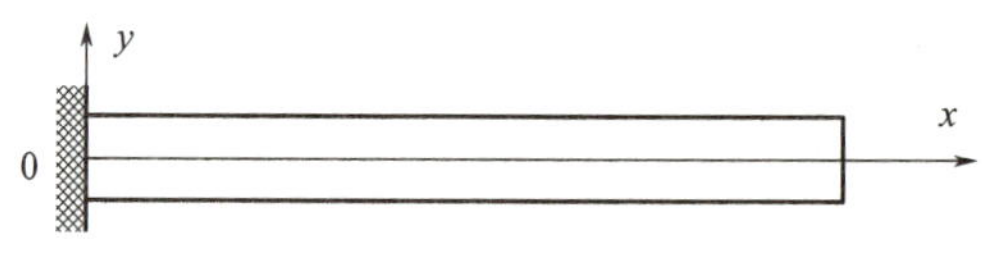

图 4.1 悬臂梁模型

【振展视频】

使用 ANSYS Workbench 15.0 进行模态分析的具体步骤如下。

(1) 分析类型设置。

单击“Main Menu”—“Preferences”，弹出图 4.2 所示对话框，勾选“Stuctural”复选框，单击“OK”按钮。

(2) 定义单元类型。

单击“Main Menu”—“Preprocessor”—“Element Type”—“Add/Edit/Delete”，弹出图 4.3 所示对话框，单击“Add”按钮，弹出图 4.4 所示对话框，在左侧列表框中选“Beam”，在右侧列表框中选“2 node 188”，单击“OK”按钮，再单击“Close”按钮关闭。

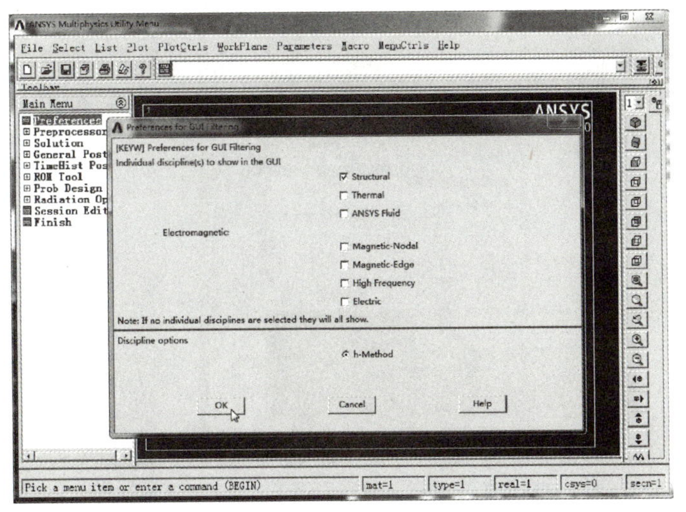

图 4.2 Preference for GUI Filtering 对话框

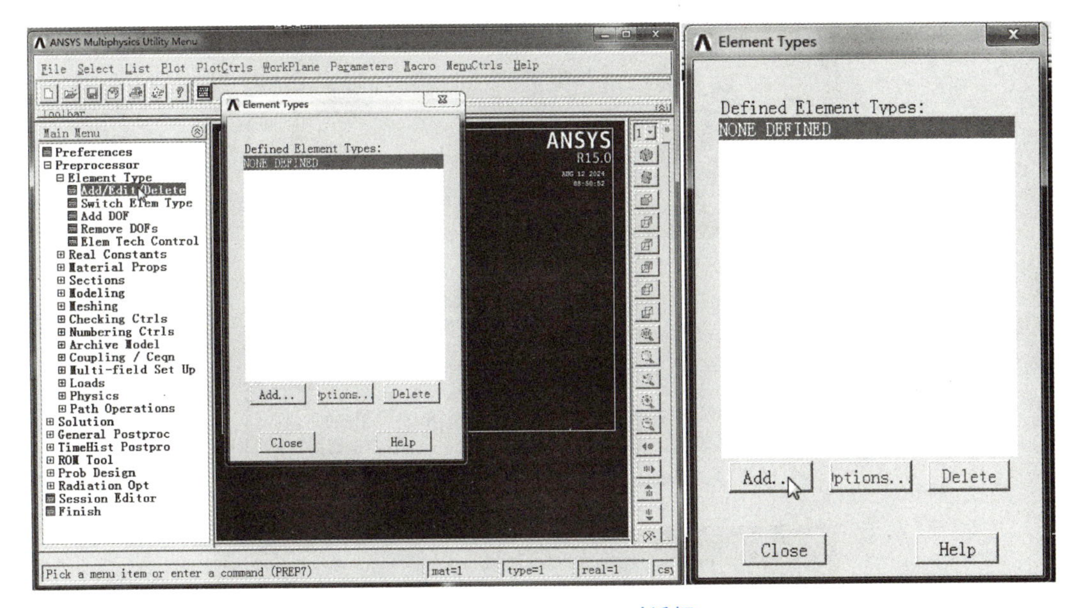

图 4.3 Element Types 对话框

（3）设置材料参数。

单击“Main Menu”—“Preprocessor”—“Material Props”—“Material Models”，弹出图 4.5 所示对话框，在右侧列表框中依次勾选“Structural”“Linear”“Elastic”“Isotropic”，弹出图 4.6 所示对话框，在“EX”文本框中输入弹性模量“2.06e11”，在“PRXY”文本框中输入泊松比“0.3”，单击“OK”按钮；再单击右侧列表框中“Structural”—“Density”（图 4.7），弹出图 4.8 所示对话框，在“DENS”文本框中输入密度“7890”，单击“OK”按钮，然后关闭对话框。

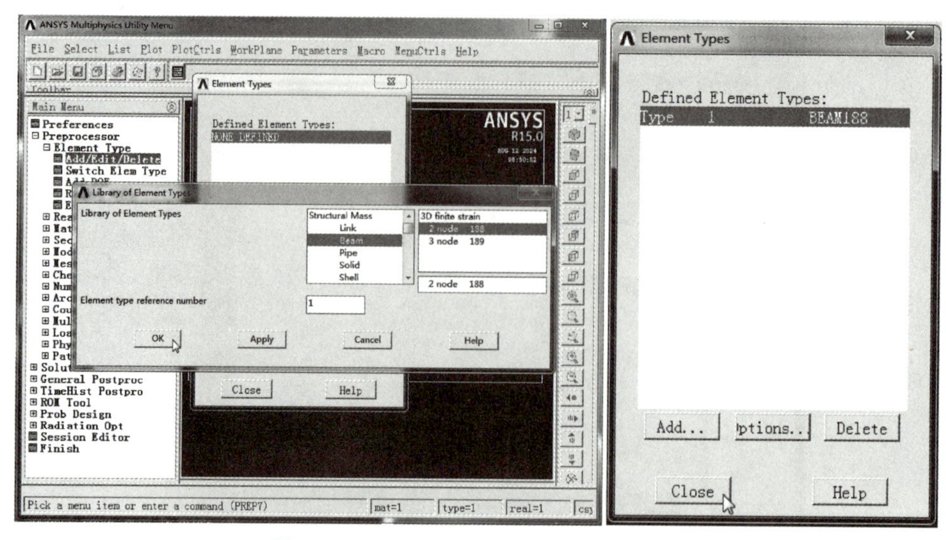

图 4.4 Library of Element Types 对话框

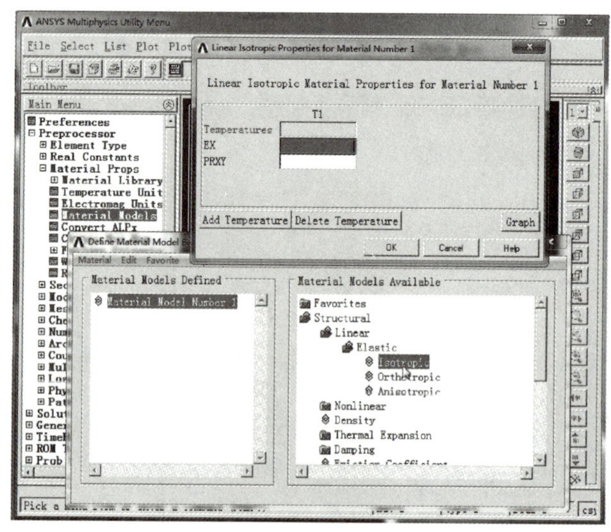

Linear Isotropic Properties for Material Number 1

Linear Isotropic Material Properties for Material Number 1

	T1
Temperatures	
EX	2.06e11
PRXY	0.3

Add Temperature | Delete Temperature | Graph

OK | Cancel | Help

图 4.5 Define Material Model Behavior 对话框

图 4.6 Linear Isotropic Properties for Material Number 1对话框

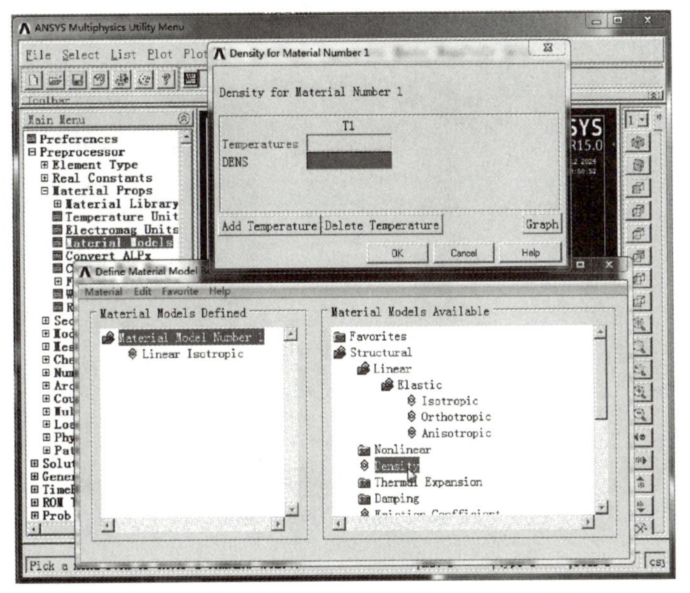

图 4.7 Define Material Model Behavior 对话框

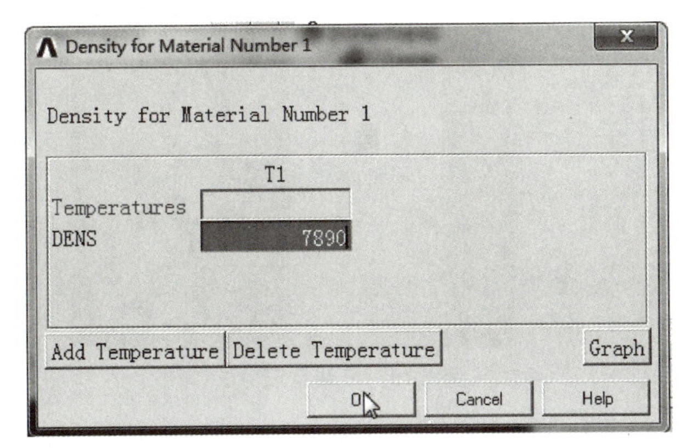

图 4.8 Density for Material Number 1对话框

(4) 设置横梁截面尺寸。

单击“Main Menu”—“Preprocessor”—“Sections”—“Beam”—“Common Sections”，弹出图 4.9 所示对话框。在“B”文本框中输入梁宽度“0.03”，在“H”文本框中输入梁厚度“5e-3”，如图 4.10 所示，然后单击“OK”按钮。

(5) 创建梁轴线。

① 创建关键点。

单击“Main Menu”—“Preprocessor”—“Modeling”—“Create”—“Keypoints”—“In Active CS”，弹出图 4.11 所示对话框。对于第 1 个关键点，在“NPT Keypoint number”文本框中输入“1”，在“X,Y,Z Location in active CS”文本框中分别输入“0，0，0”；对于第 2 个关键点，在“NPT Keypoint number”文本框中输入“2”，在“X,Y,Z Location in active CS”文本框中分别输入“0.5，0，0”，最后单击“OK”按钮完成关键

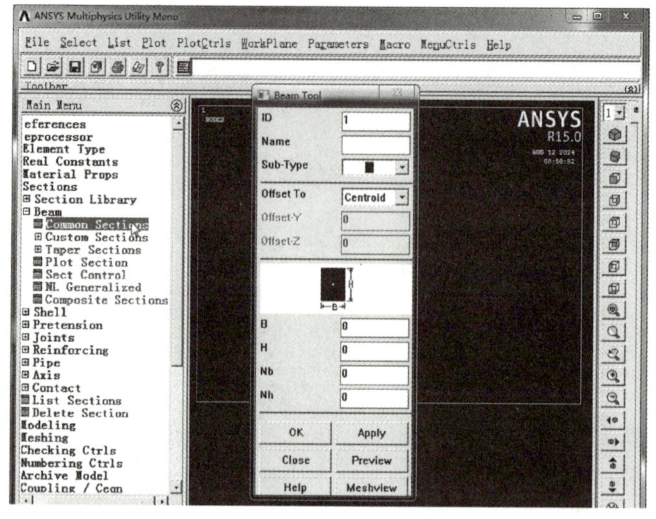

图 4.9　Beam Tool 对话框

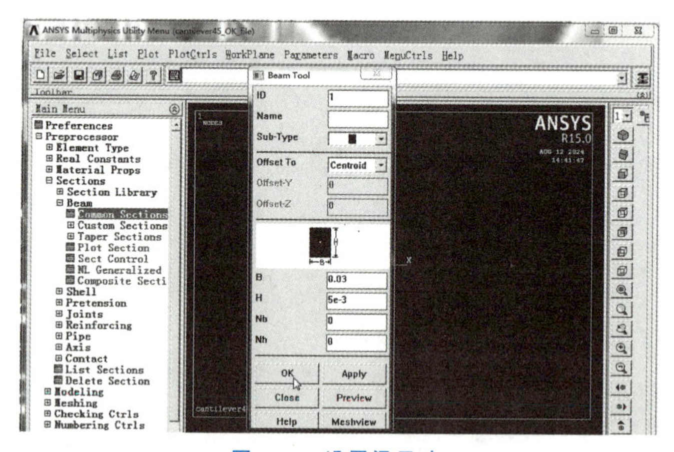

图4.10　设置梁尺寸

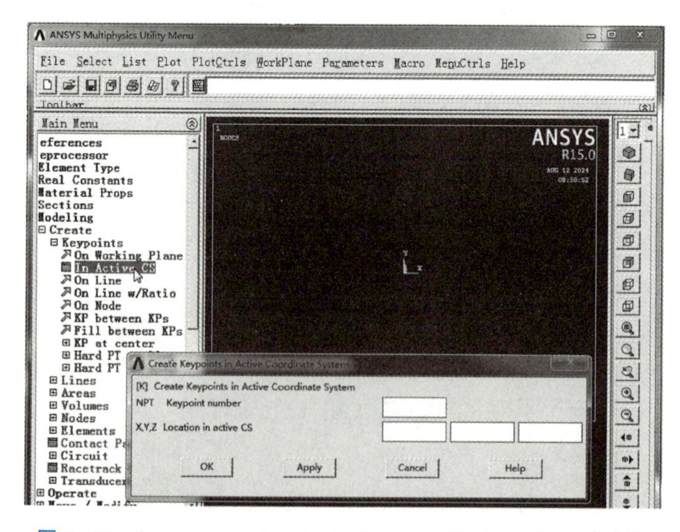

图 4.11　Create Keypoints in Active Coordinate System 对话框

点的创建（图 4.12）。

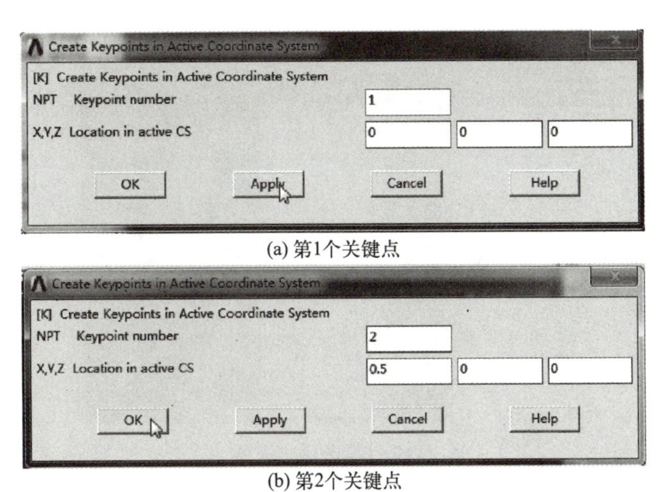

(a) 第1个关键点

(b) 第2个关键点

图 4.12　创建关键点

② 创建梁的轴线。

单击“Main Menu”—“Preprocessor”—“Modeling”—“Create”—“Lines”—“Lines”—“Straight Line”，弹出图 4.13 所示对话框，依次单击上一步创建的两个关键点（图 4.14），然后单击“OK”按钮，完成对梁的轴线创建（图 4.15）。

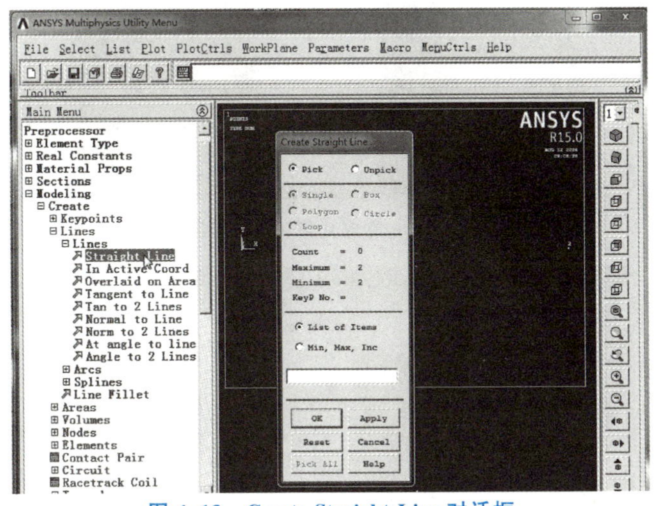

图 4.13　Create Straight Line 对话框

（6）划分网格。

单击“Main Menu”—“Preprocessor”—“Meshing”—“MeshTool”，弹出图 4.16 所示对话框，单击“Size Controls”区域中“Lines”后的“Set”按钮，弹出图 4.17 所示对话框，单击“Apply”按钮（图 4.18），弹出图 4.19 所示对话框，在“NDIV No. of element divisions”文本框中输入“100”，单击“OK”按钮；然后单击图 4.20 所示对话框中的“Mesh”按钮划分网格，随之弹出图 4.21 所示对话框，单击“Pick All”按钮，完成网格划分。

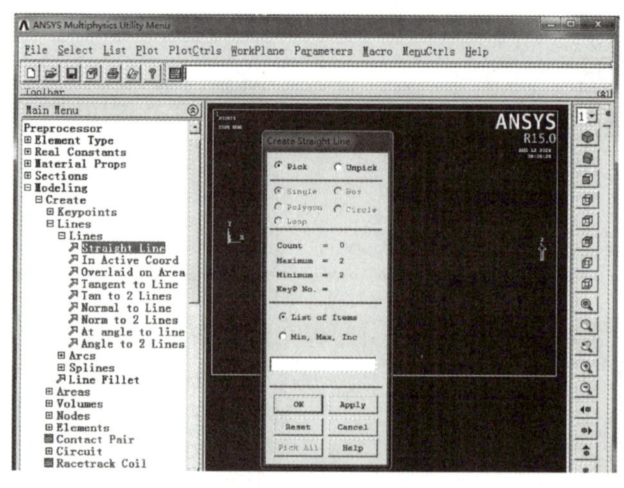

图 4.14　单击两个关键点

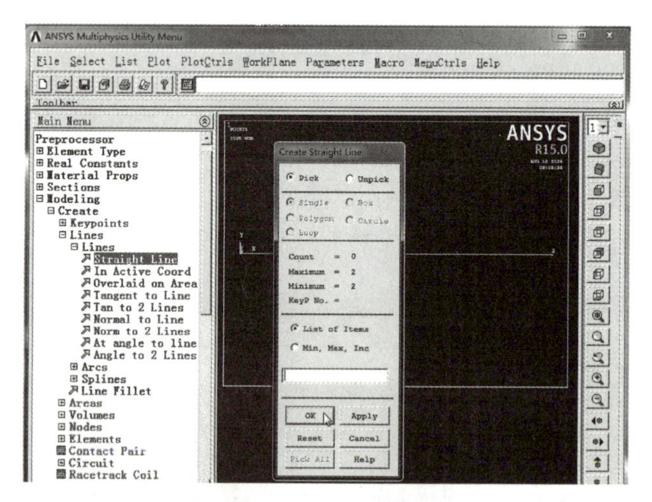

图 4.15　完成对梁的轴线创建

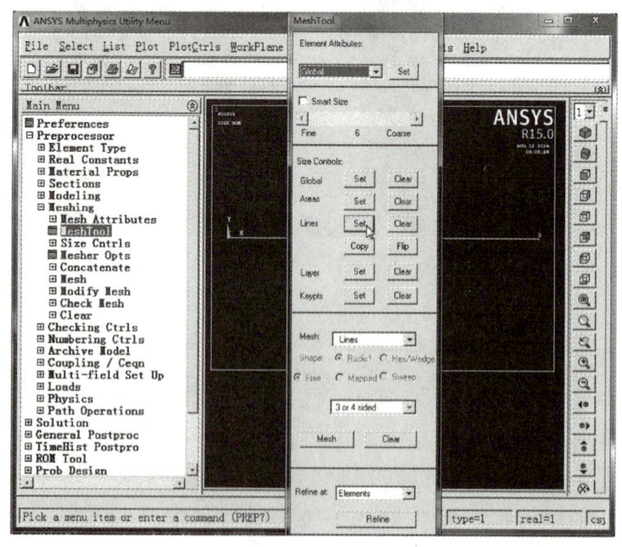

图 4.16　MeshTool 对话框

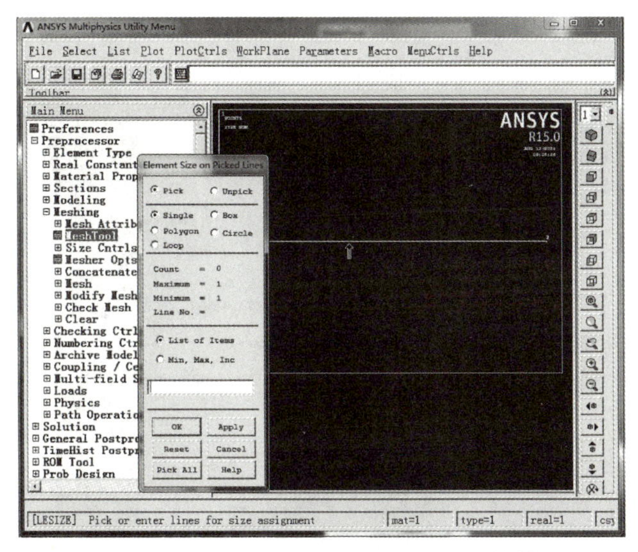

图4.17 Element Size on Picked Lines 对话框

ANSYS Multiphysics Utility Menu

File Select List Plot PlotCtrls WorkPlane Parameters Macro MenuCtrls Help

Toolbar

Main Menu

Preferences

Preprocessor

Element

Real Co

Materia

Section

Modelin

Meshing

Mesh

MeshT

Size

Meshe

Conca

Mesh

Modif

Check

Clear

Checkin

Numberi

Archive

Couplin

Multi-f

Loads

Physics

Path Op

Solution

General P

TimeHist

ROM Tool

Prob Desi

Element Size on Picked Lines

Pick Unpick

Single Box

Polygon Circle

Loop

Count = 1

Maximum = 1

Minimum = 1

Line No. = 1

List of Items

Min, Max, Inc

OK Apply

Reset Cancel

Pick All Help

ANSYS

R15.0

[LESIZE] Pick or enter lines for size assignment

mat=1

type=1

real=1

图4.18 应用结果

Element Sizes on Picked Lines

[LESIZE] Element sizes on picked lines

SIZE Element edge length

NDIV No. of element divisions 100

(NDIV is used only if SIZE is blank or zero)

KYNDIV SIZE,NDIV can be changed ☑ Yes

SPACE Spacing ratio

ANGSIZ Division arc (degrees)

(use ANGSIZ only if number of divisions (NDIV) and element edge length (SIZE) are blank or zero)

Clear attached areas and volumes ☐ No

OK Apply Cancel Help

图4.19 Element Sizes on Picked Lines 对话框

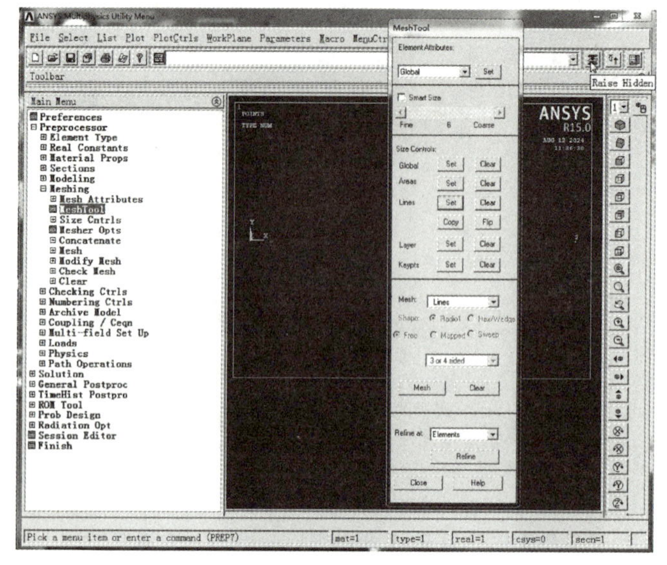

图4.20　单击“Mesh”按钮划分网格

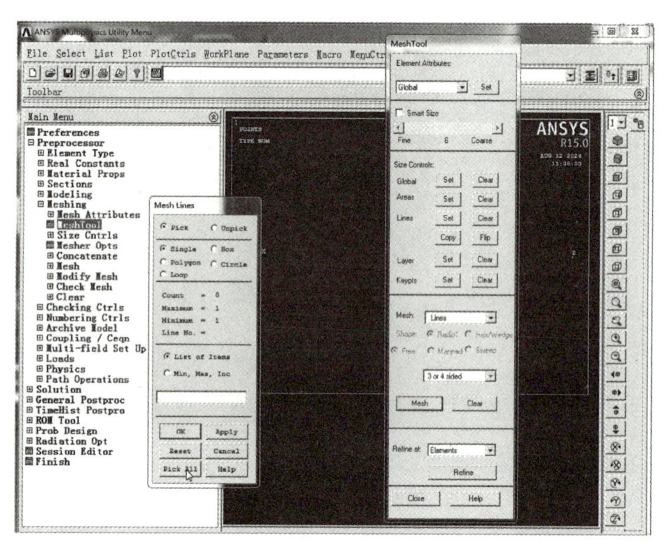

图 4.21　Mesh Lines 对话框

（7）求解设置。

① 指定分析类型。

单击“Main Menu”—“Solution”—“Analysis Type”—“New Analysis”，弹出图 4.22 所示对话框，选择“Type of analysis”为“Modal”，单击“OK”按钮（图 4.23）。

② 指定模态扩展选项及频率范围。

单击“Main Menu”—“Solution”—“Analysis Type”—“Analysis Options”，弹出图 4.24 所示对话框，在“No. of modes to extract”和“NMODE No. of modes to expand”文本框中均输入“5”，单击“OK”按钮，弹出图 4.25 所示对话框，单击“OK”按钮。

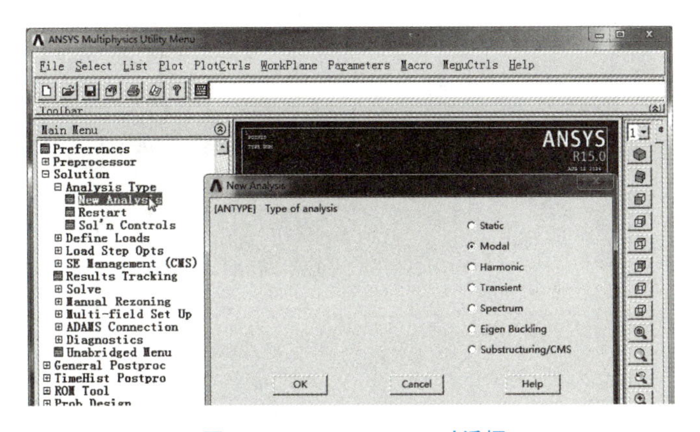

图 4.22 New Analysis 对话框

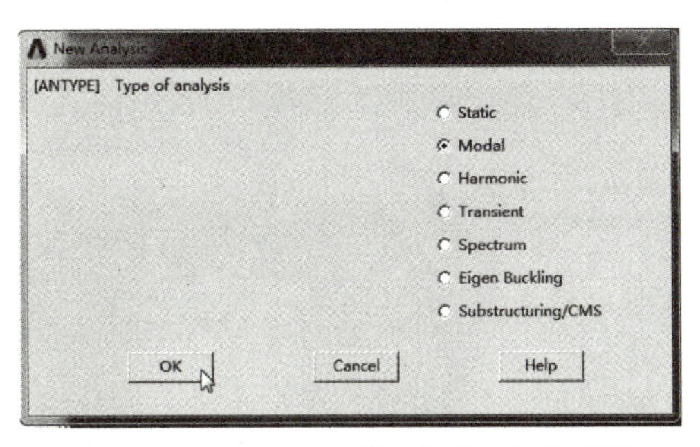

图4.23 单击“OK”按钮完成分析类型指定

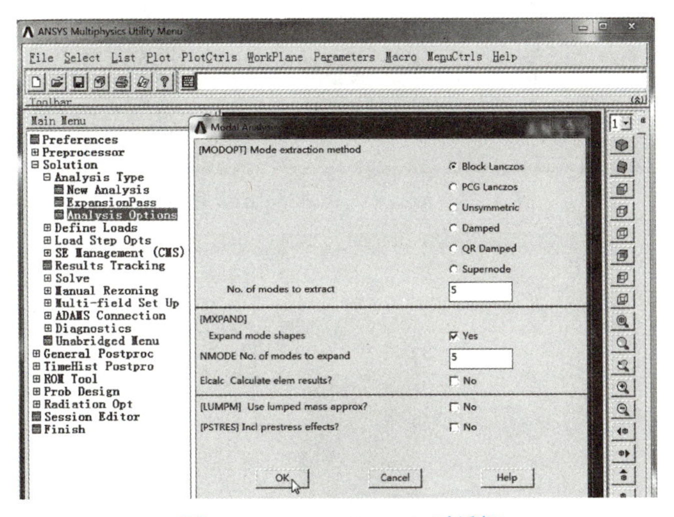

图 4.24 Modal Analysis 对话框

③ 设置边界条件。

单击“Main Menu”—“Solution”—“Define Loads”—“Apply”—“Structural”—“Displacement”—“On Keypoints”，弹出图 4.26 所示对话框，单击梁左端的关键点（图 4.27），单击“OK”按钮完成关键点拾取（图 4.28），在列表中选择“ALL DOF”边界条件（图 4.29），单击“OK”按钮。

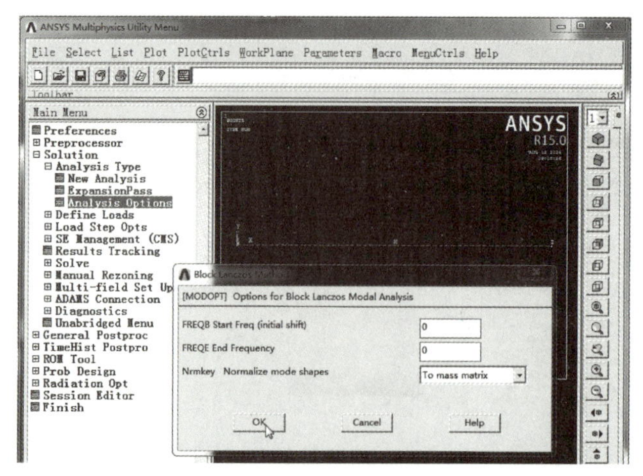

图4.25 Block Lanczos Method 对话框

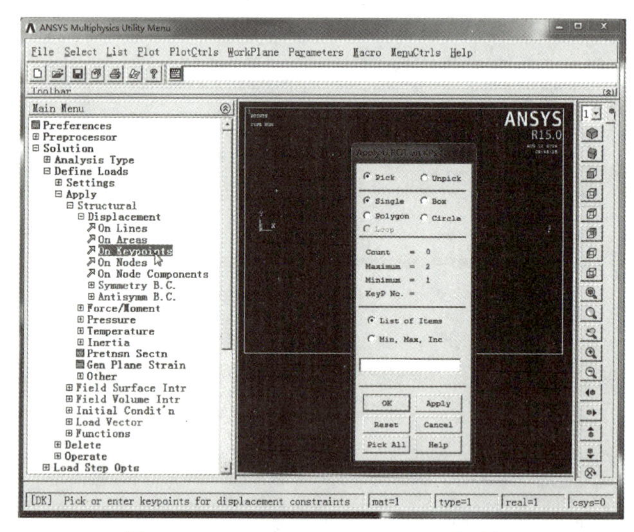

图 4.26 Apply U,ROT on KPs 对话框

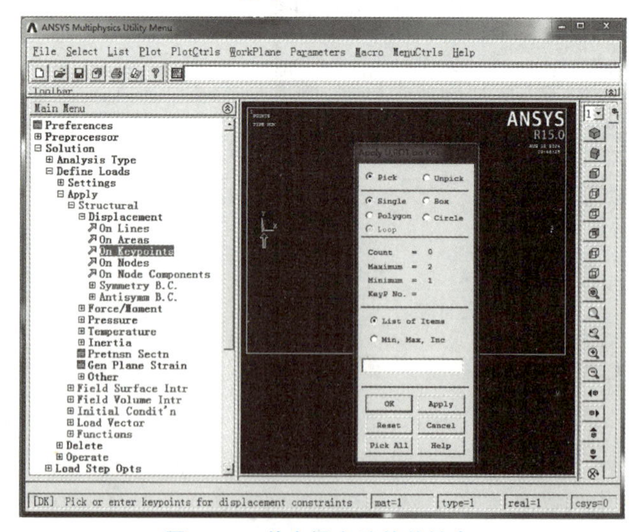

图 4.27 单击梁左端的关键点

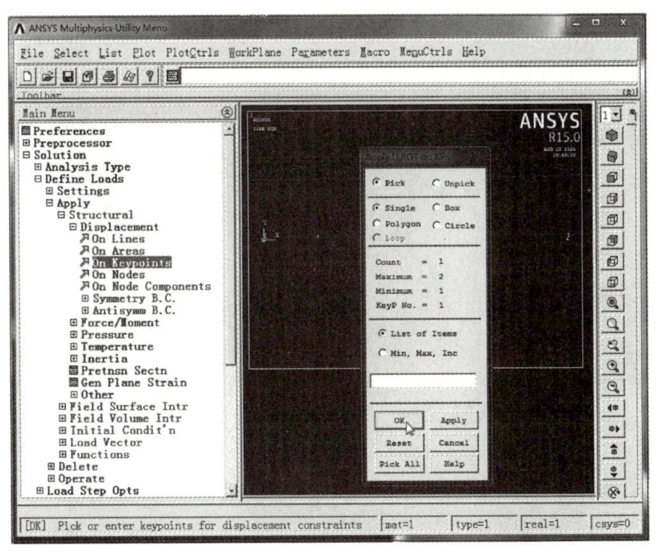

图 4.28 单击“OK”按钮完成关键点拾取

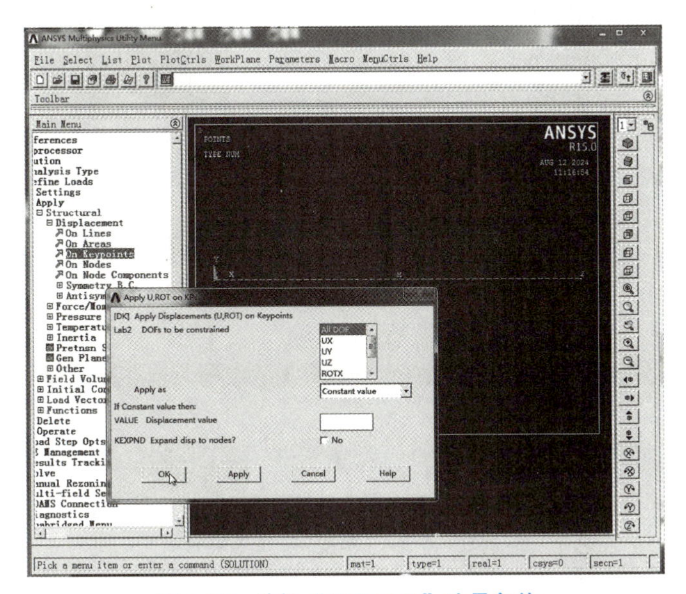

图 4.29 选择“ALL DOF”边界条件

（8）求解。

单击“Main Menu”—“Solution”—“Solve”—“Current LS”（图 4.30），单击“Solve Current Load Step”对话框中的“OK”按钮（图 4.31）。当出现“Solution is done!”弹窗（图 4.32）时，单击“Close”按钮求解完成，即可查看结果。

（9）后处理。

① 列出固有频率求解结果。

单击“Main Menu”—“General Postproc”—“Results Summary”，弹出图 4.33 所示对话框，列表中显示了模型的前 5 阶频率。查看完毕后，关闭该对话框。

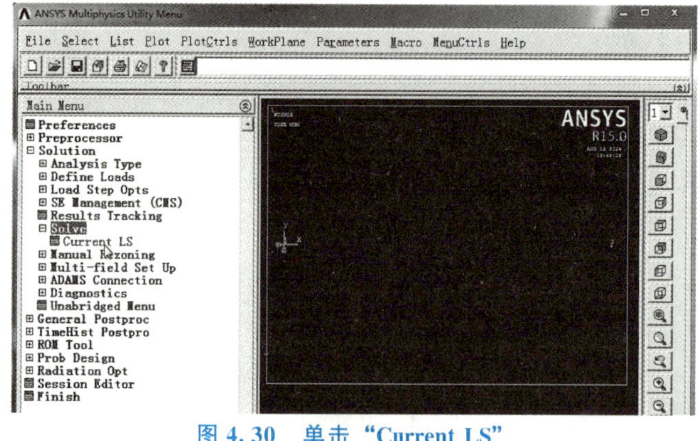

图 4.30　单击“Current LS”

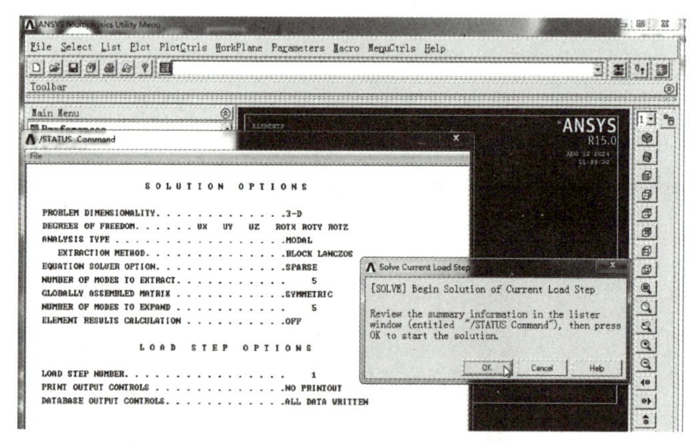

图 4.31　Solve Current Load Step 对话框

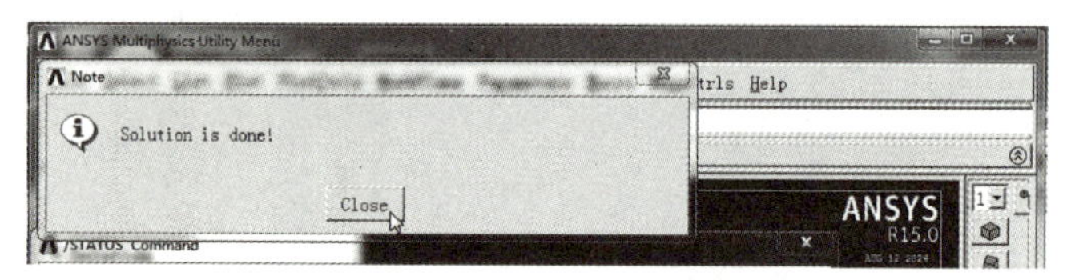

图4.32　单击“Close”按钮求解完成

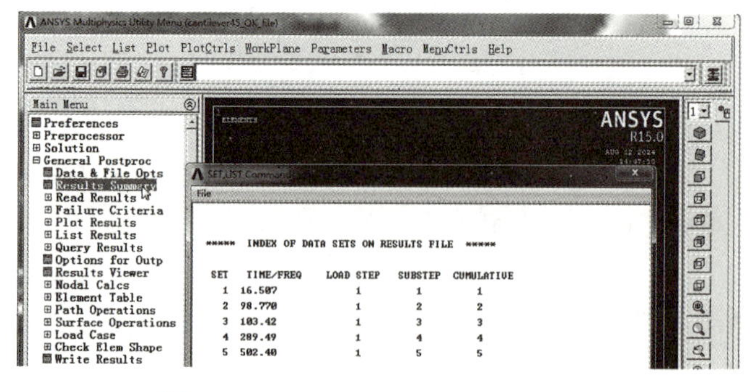

图 4.33　SET,LIST Command 对话框

② 读取第 1 阶模态分析结果并画振型图。

单击“Main Menu”—“General Postproc”—“Read Results”—“By Pick”，弹出图 4.34 所示对话框，单击“Set”列“1”，然后单击“Read”按钮。

单击“Main Menu”—“General Postproc”—“Plot Results”—“Contour Plot”—“Nodal Solu”，弹出图 4.35 所示对话框，在“Nodal Solution”选项下选择“Displacement vector sum”，在“Undisplaced shape key”下拉列表中选择“Deformed shape only”，单击“OK”按钮。

根据图 4.34 和图 4.35 绘制第 1 阶振型图，如图 4.36 所示。

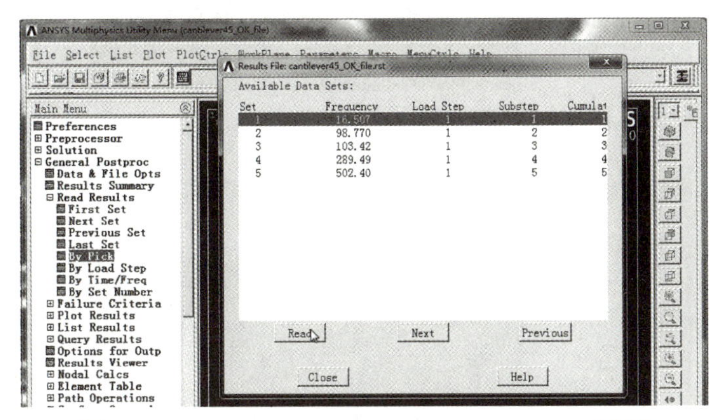

图 4.34 Results File:cantilever45 _ OK _ file. rst 对话框

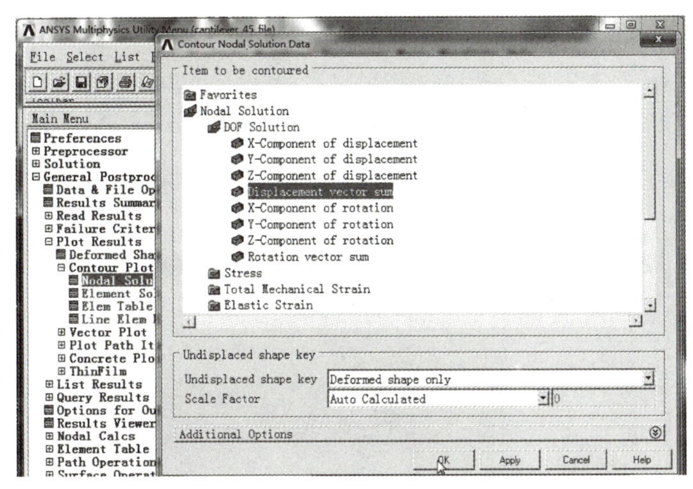

图 4.35 Contour Nodal Solution Data 对话框

③ 查看其余各阶振型图。

重复上述步骤，将其余各阶模态的结果读入并画图，图 4.37 和图 4.38 所示分别为第 2 阶振型图和第 4 阶振型图。

上述操作步骤可能会因 ANSYS Workbench 版本的不同而略有差异。模态分析结果的准确性依赖于模型的精确度和网格划分的质量，因此进行模态分析时，应合理设置网格密度、分析类型和求解选项，以确保分析结果的准确性和计算效率。

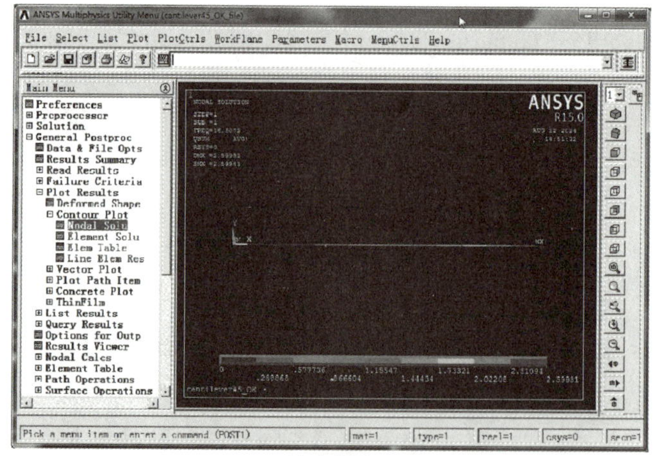

(a) 主视图

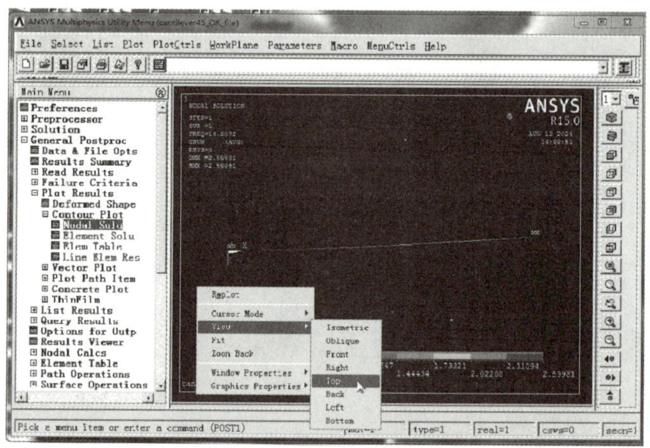

(b) 俯视图

图4.36　第 1 阶振型图

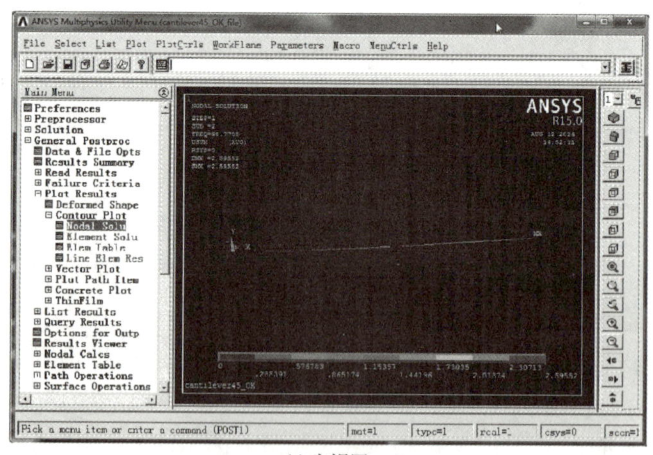

(a) 主视图

图 4.37　第 2 阶振型图

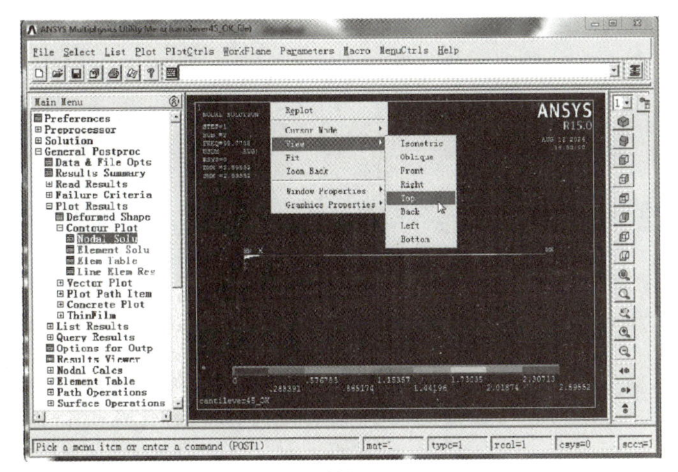

(b) 俯视图

图 4.37 第 2 阶振型图（续）

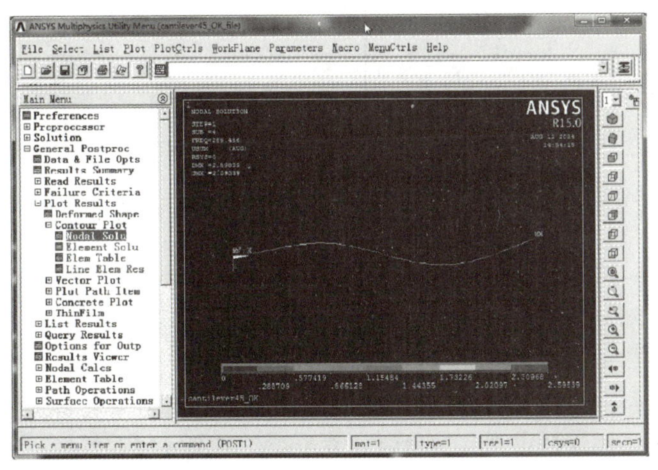

(a) 主视图

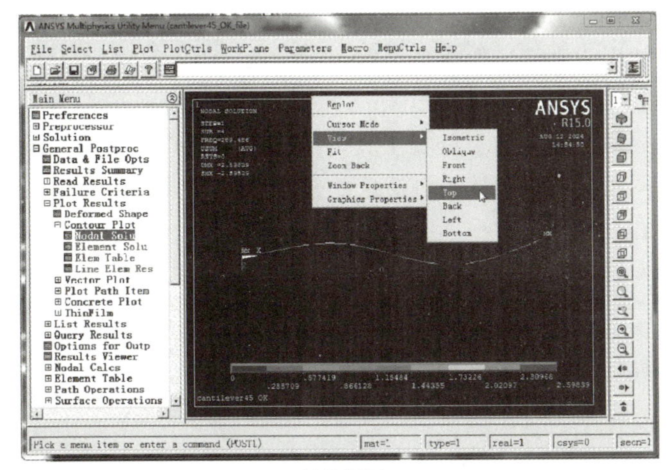

(b) 俯视图

图 4.38 第 4 阶振型图

4.2 数据后处理方法

4.2.1 基于 Excel 的数据后处理方法

在机械、土木等涉及结构动力学的领域中，振动测试仿真计算和实际实验是评估结构性能、预测故障及优化设计的重要手段。随着计算机技术的发展，数值模拟工具（如 ANSYS）已经被广泛应用于振动测试分析。然而，无论是仿真计算还是实验测试，最终都会产生大量的原始数据，这些数据需要经过后处理才能转化为有价值的结论。Excel 作为一种强大的电子表格软件，因其易用性和灵活性，故在数据处理方面具有独特的优势。

1. Excel 的主要功能

Microsoft Excel 是一款由微软公司开发的电子表格软件，它允许用户创建、编辑和管理表格，并通过内置的各种工具实现复杂的数据操作。Excel 不仅支持基本的算术运算，还提供丰富的图表绘制功能，可以直观地展示数据的趋势和特征。此外，Excel 具备强大的公式计算能力和宏编程接口，能够满足不同层次用户的需求。

Excel 的主要功能如下。

（1）数据输入与管理。

Excel 提供了一个直观的界面，方便用户录入和组织数据。用户可以通过手动输入、复制粘贴或导入外部文件（如 .csv、.txt 格式文件）等方式快速填充工作表。

（2）公式与函数。

Excel 拥有超过 400 个内置函数，涵盖了数学、统计、财务等多个领域。用户可以根据需要选择合适的函数（如求和、平均值、方差等）来完成特定任务。

（3）图表制作。

Excel 内置了多种类型的图表模板，包括柱形图、折线图、饼图等。用户可以根据自己的需求选择适当的图表类型，并通过调整图表样式，使数据展示更加直观、易懂。

（4）数据分析。

数据透视表是一种强大的数据分析工具，可以帮助用户从大量数据中提取有用信息。它允许用户按照不同的维度对数据进行汇总、分类和排序，从而发现潜在规律。

（5）VBA 编程。

对于高级用户而言，Excel 还支持 VBA 编程，用户可以自动化重复性任务，提高工作效率。

2. Excel 的数据处理方法

（1）数据筛选与排序。

为了更好地理解数据之间的关系，我们有时需要根据某些条件对数据进行筛选和排序。

① 自动筛选：Excel 提供自动筛选功能，只需单击数据区域右上角的小箭头即可激

活。用户可以选择特定条件过滤数据，只保留符合要求的数据。

② 高级筛选：与自动筛选相比，高级筛选提供更多定制化的选项。用户可以同时设置多个条件，并且支持多列联合筛选。

③ 排序：根据某一列或多列的数据大小对整个表格进行升序或降序排列。排序有助于快速定位数据的最大值、最小值，以及观察变化趋势。

（2）数据聚合与分组。

当面对大量数据时，直接查看原始数据往往难以发现其内在规律。此时，可以考虑对数据进行聚合与分组，以便更清晰地展示整体情况。

① SUMIFS/SUMPRODUCT：用于计算符合条件的数据总和。SUMIFS 允许指定多个条件，而 SUMPRODUCT 可以在不使用辅助列的情况下实现复杂的加权求和。

② COUNTIFS/COUNTUNIQUE：用于统计符合条件的数据个数。COUNTIFS 支持多条件计数，而 COUNTUNIQUE 专门用于统计唯一值的数量。

③ AVERAGEIFS/AVERAGEIF：用于计算符合条件数据的平均值，与 SUMIFS 类似，但输出的是平均值而非总和。

④ 数据透视表：可以轻松实现按类别汇总、求和、平均值等多种操作，非常适合用于大规模数据分析，是一种非常有效的数据汇总工具。

（3）图表可视化。

将数据转化为图表不仅可以增强表达效果，还能帮助我们更加直观地理解数据背后的信息。

① 柱形图/条形图：适用于比较不同类型数据之间的差异，通过不同颜色区分各组别，使对比更加明显。

② 折线图/面积图：适合展示连续变化的数据趋势。尤其在时间序列分析中，折线图能很好地反映出随时间变化的趋势。

③ 散点图：用于探索两个变量之间的关系。如果存在明显的线性或非线性相关性，则可以通过添加趋势线进一步确认。

④ 箱形图：用于描述数据分布的集中趋势和离散程度，箱体内的上下边界代表四分位数，非异常值的范围通常用箱体（实线绘制的矩形框）、须（从箱体两端延伸出的实线）、异常值（用单独的点、星号或其他符号表示）等方式表示。

3. Excel 的主要数据处理函数

（1）数学函数。

① SUM：给定范围内所有数值的总和。

② AVERAGE：给定范围内所有数值的平均值。

③ MAX/MIN：给定范围内所有数值的最大值和最小值。

④ ABS：给定范围内所有数值的绝对值。

⑤ SQRT：给定范围内所有数值的平方根。

⑥ ROUND：四舍五入到指定小数位数。

（2）统计函数。

① VAR. P/VAR. S：分别用于计算总体方差和样本方差。

② STDEV. P/STDEV. S：分别用于计算总体标准差和样本标准差。

③ CORREL：计算两数组间的皮尔逊相关系数，衡量二者线性关系的强度。

④ TREND：根据已知数据点预测未知数据点的位置，常用于线性回归分析。

⑤ FORECAST. LINEAR：基于现有数据预测未来值，适用于简单的时间序列预测。

（3）逻辑函数。

① IF：根据条件判断返回两种不同的结果。例如，`= IF(A1> 5,"大","小")`表示如果 A1 大于 5 则返回“大”，否则返回“小”。

② AND/OR：用于组合多个条件。AND 表示所有条件都必须满足才返回 TRUE，OR 则表示只要有一个条件满足就返回 TRUE。

③ NOT：反转逻辑值。将 TRUE 变为 FALSE，反之亦然。

（4）查找与引用函数。

① VLOOKUP/HLOOKUP：Excel 中最常用的查找函数。垂直查找（VLOOKUP）和水平查找（HLOOKUP）可以在一个二维表中搜索特定值，并返回对应的另一列或另一行的数据。

② INDEX/MATCH：与 VLOOKUP 相比，INDEX 和 MATCH 组合更为灵活。INDEX 根据位置索引返回相应的值，MATCH 用于确定目标值的位置。它们不仅支持双向查找，还能避免因新增列而导致公式失效的问题。

③ OFFSET：用于返回从指定单元格开始偏移一定距离后的单元格区域。它常用于动态生成数据源，配合其他函数以实现复杂的数据处理。

（5）文本函数。

① LEFT/RIGHT/MID：分别用于提取字符串左侧、右侧和中间的部分字符。例如，`= LEFT(A1,3)`可以从 A1 单元格中取出前三个字符。

② CONCATENATE/TEXTJOIN：用于连接多个文本字符串。TEXTJOIN 比 CONCATENATE 更加灵活，因为它允许指定分隔符，并且可以忽略空值。

③ SUBSTITUTE：将字符串中的某个子串替换为另一个子串。例如，`= SUBSTITUTE(A1, " 旧", " 新" )` 可以将 A1 中的“旧”替换为“新”。

④ TRIM：去除文本两端多余的空格，确保文本格式整洁。

（6）时间日期函数。

① TODAY/NOW：分别返回当前日期和当前时间。

② YEAR/MONTH/DAY：分别提取日期中的年、月、日。

③ WEEKDAY：返回某一天是一周中的第几天（1～7），可用于计算工作日天数。

④ DATEDIF：计算两个日期之间的差值，支持多种单位（如日、月、年）。

4. 2. 2　基于 MATLAB 的数据后处理方法

1. MATLAB 的主要功能

MATLAB 是由 MathWorks 公司开发的一款面向矩阵运算的高级编程语言及交互式环境。它最初是为了简化线性代数课程的教学而设计的，但很快因其强大的数值计算能力和便捷的操作界面而被广泛应用于科学研究、工程设计等多个领域。MATLAB 不仅提供丰富的内置函数库，还支持用户自定义函数和脚本编写，极大地提高了编程效率。

MATLAB 的主要功能如下。

（1）数值计算。

MATLAB 擅长处理各种类型的数值计算任务，包括但不限于矩阵运算、微积分、傅里叶变换等。其内置的线性代数包（LAPACK）、优化工具箱（Optimization Toolbox）等功能模块为复杂问题求解提供了强有力的支撑。

（2）符号计算。

除数值计算外，MATLAB 还具备强大的符号计算能力。符号数学工具箱（Symbolic Math Toolbox）允许用户直接操作数学表达式，进行解析求解、微分方程求解等，非常适合用于理论研究和教学演示。

（3）图形绘制。

MATLAB 内置多种绘图命令，可以轻松创建二维/三维图表、动画等可视化效果。plot、surf 等基础绘图函数结合 colormap、colorbar 等辅助设置，能够满足大多数科研工作者的需求。此外，MATLAB 提供了 Simulink 这一图形化建模工具，适用于控制系统仿真等领域。

（4）数据处理与分析。

MATLAB 提供完善的文件读写接口，支持 CSV、Excel、MAT 等多种格式的数据导入和导出。通过读取外部数据文件，结合统计分析、信号处理等功能模块，MATLAB 可以高效地完成数据预处理、特征提取等工作。

2. MATLAB 的数据导入与导出

在开始正式的数据处理之前，通常需要将原始数据先导入 MATLAB 工作空间。MATLAB 提供了多种方式来实现这一点。

（1）读取文本文件。

对于简单的 ASCII 码文本文件（如 .csv、.txt 格式文件），可以直接使用 importdata 函数或 readtable 函数进行读取，例如，`data= readtable('data.csv')`。

（2）加载 MAT 文件。

如果数据已经保存为 MATLAB 特有的 .mat 格式，则可以使用 load 函数快速加载，例如，`load('data.mat')`。

3. MATLAB 的主要处理数据函数

（1）数值计算函数。

① sum：计算给定数组元素的总和。

② mean：计算给定数组元素的平均值。

③ std：计算给定数组元素的标准差。

④ max/min：分别计算给定数组的最大值和最小值。

⑤ abs：计算给定数组的绝对值。

⑥ sqrt：计算给定数组的平方根。

⑦ fft：快速傅里叶变换，用于将时域信号转换为频域信号。

（2）统计分析函数。

① mean：计算均值。例如，m= mean(X)可以求出矩阵 X 中每一列元素的平均值。

② median：计算中位数。与均值相比，中位数更能反映数据的真实分布情况，尤其是在存在极值的情况下。

③ std：计算标准差。标准差用于衡量数据的离散程度，较大的标准差意味着数据波动较大。

④ var：计算方差。方差为标准差的平方，同样反映了数据的离散程度。

⑤ corrcoef：计算相关系数。相关系数用于衡量两个变量之间的线性关系强度，取值范围为－1～1。绝对值越大表示相关性越强；正值表示正相关，负值表示负相关。

⑥ cov：计算协方差。协方差用于描述两个变量之间的共同变化趋势，可用于多元回归分析等场合。

⑦ histogram：绘制直方图。直观展示数据的分布特征，帮助发现潜在规律。

⑧ boxplot：绘制箱形图。用于描述数据的集中趋势和离散程度，特别是识别异常值。

（3）数据可视化函数。

① plot：绘制二维图形，是最基本的绘图函数之一，适用于绘制折线图、散点图等多种类型图表。例如，plot(x,y)可以绘制以 x 为横坐标、y 为纵坐标的折线图。

② subplot：创建子图布局，允许在同一窗口内显示多个独立的图表，便于对比不同数据集之间的差异。

③ surf：绘制三维曲面图，适用于展示复杂的空间数据结构，如地形地貌、温度场分布等。

④ contour：绘制等高线图，类似于地图上的等高线，可以帮助我们更好地理解数据的空间分布特征。

⑤ imagesc：绘制伪彩色图像，适用于展示矩阵形式的数据，颜色深浅代表数值大小，使数据展示直观、易懂。

（4）文件读写函数。

① readtable：读取表格文件，支持 .csv、.txt 等格式的文件，自动将数据导入为表格对象，方便后续处理。

② writetable：保存表格文件，可以将处理后的数据保存为 .csv、.txt 等格式的文件，便于与其他软件共享数据。

③ load：加载工作区变量，可以从 MAT 文件中恢复之前保存的工作环境，继续进行未完成的任务。

④ save：保存工作区变量，将当前工作区中的所有变量或指定变量保存到 MAT 文件中，以便下次使用。

4.3 知识拓展

4.3.1 现代理论分析

现代理论分析涵盖了广泛的科学和技术领域，随着学科交叉和新兴技术的发展，其内容不断丰富。以下是现代理论分析的一些主要内容。

（1）数学建模。

利用数学工具（如微分方程、积分变换、概率统计等）来描述物理现象，有解析解法和近似解法，用于简化复杂问题并找到合理的解决方案。

（2）计算模拟与数值方法。

使用计算机算法（如有限元法、边界元法、离散元法等）求解复杂的数学模型，涉及高性能计算、并行计算等技术，以处理大规模数据集或实时仿真。

（3）多尺度建模。

结合不同尺度（从原子级到宏观结构）上的物理过程，通过多层次的方法研究材料和系统的特性，适用于纳米科技、生物医学工程等领域。

（4）不确定性量化。

对输入参数中的不确定性和随机性进行量化，评估它们对输出结果的影响，在风险评估、可靠性工程等方面至关重要。

（5）机器学习与人工智能。

将机器学习与人工智能应用于数据分析、模式识别、预测建模等方面，支持智能系统的设计与优化，如自动驾驶汽车、智能电网等。

（6）系统动力学与控制理论。

研究动态系统的稳定性、响应特性和控制器设计，广泛应用于航空航天、机器人技术、自动化生产线等领域。

（7）热力学与流体力学。

分析能量转换过程、流体流动行为及其相互作用，应用于能源转换装置、环境工程、化工过程等领域。

（8）电磁场理论。

探讨电荷分布、电流流动所产生的磁场及电磁波传播规律，应用于通信设备、雷达系统、无线充电技术等领域。

（9）量子力学与固体物理学。

理解微观粒子的行为规则及其在凝聚态物质中的表现形式，推动半导体器件、超导材料、光电器件等高科技产品的研发。

（10）生物信息学与基因组学。

整合生物学知识与信息技术，解析 DNA 序列、蛋白质结构等，加速新药研发、个性化医疗方案制订等进程。

（11）经济与社会系统建模。

运用经济学原理和社会科学理论构建模型，解释市场趋势、政策效果等，有助于政府决策、商业战略规划等实际操作层面的应用。

这些领域的现代理论分析不仅依赖于基础科学的进展，还得益于跨学科合作和技术进步的支持。现代理论分析旨在为各种工程技术提供坚实的理论基础，同时促进创新思维和技术革新，解决日益复杂的现实问题。

4.3.2 有限元分析和实验测试的区别及联系

有限元分析和实验测试都是工程分析的重要手段，但它们在方法论及结果性质等方面有显著区别。同时，二者存在紧密的联系，通常会相互补充。

1. 有限元分析和实验测试的区别

（1）在方法论方面。

有限元分析是一种基于数学模型的数值计算方法，首先将连续体离散为有限数量的小单元（有限元），然后使用计算机求解这些单元的方程来近似整个系统的响应；而实验测试是物理上的直接测量，涉及实际制造或构建原型，并在受控条件下进行测试，以观察其行为并收集数据。

（2）在成本与时间方面。

有限元分析一旦建立了有效的模型，就可以快速调整参数并重复计算，相对节省时间和材料成本；而实验测试需要实际制造样品或设备，设置测试环境，可能耗费较多的成本与时间。

（3）在灵活性与复杂性方面。

有限元分析不仅能够处理非常复杂的几何形状、边界条件和材料属性，而且可以在设计早期阶段就对多种假设进行评估；而实验测试受限于现有技术和设施的能力，对于极端条件下的性能测试可能会比较困难。

（4）在准确性与确定性方面。

有限元分析依赖于输入的数据质量和模型的精确度，虽然存在一定的误差，但是随着模型验证和校准，精度可以不断提高；而实验测试虽然提供了真实世界的直接反馈，但是测试结果可能受到环境因素的影响而具有不确定性。

（5）在可重复性方面。

有限元分析只要输入条件相同，结果就可以完全重现；而实验测试即使是在相同的条件下，由于不可避免的随机波动，两次实验的结果也可能略有差异。

2. 有限元分析和实验测试的联系

有限元分析和实验测试有着不同的侧重点。在现代工程实践中，二者往往是相辅相成的，共同促进了技术的进步和发展。二者之间的联系如下。

（1）验证与校正。

有限元分析的结果通常需要通过实验来进行验证。如果仿真结果与实验结果吻合，则说明模型是可靠的；反之，则需调整模型直至二者得到的结果一致，这种过程称为模型验证或校正。

（2）优化设计。

有限元分析可用于指导实验设计，如选择合适的测试配置或确定关键参数，而实验结果又能反过来帮助改进有限元分析模型，使其更加准确地反映现实情况。

（3）风险降低。

结合有限元分析和实验测试可以在产品开发的不同阶段分别利用二者的优点，从而有效降低项目风险，确保最终产品的性能。

（4）加速研发周期。

先进行有限元分析可以减少不必要的实验次数，进而可以加快新产品从概念到市场的进程。

4.3.3 有限元分析的作用和用途

有限元分析是一种数值计算方法，广泛应用于工程和科学领域，用于解决复杂的物理现象，特别是那些难以通过解析方法求解的问题。它不仅能够提供关于设计行为的重要见解，还可以显著缩短产品研发周期并降低成本。随着计算机硬件的进步和算法的发展，有限元分析的应用范围还在不断扩大，其主要作用和用途如下。

（1）结构分析。

有限元分析可以用于评估机械、土木、航空航天等工程结构在各种载荷条件下的应力、应变分布及变形情况，预测结构的疲劳寿命和耐久性。

（2）热传导与热应力分析。

有限元分析可以用于模拟物体内部温度场的变化，以及由此引起的热膨胀或收缩所造成的应力。

（3）流体动力学。

有限元分析可以用于分析流体（液体或气体）的流动特性，如速度、压力分布，常见于航空航天、汽车设计等领域。

（4）电磁场分析。

有限元分析可以用于研究电场、磁场及其相互作用，适用于电机、变压器和其他电气设备的设计优化。

（5）多物理场耦合问题。

当多个物理过程同时发生时，有限元分析可以用于模拟这些过程之间的交互作用，如热-结构耦合、流固耦合等问题。

（6）优化设计。

通过改变几何形状、材料属性或其他参数，有限元分析可以用于寻找最优设计方案，减少成本、质量或提高性能。

（7）故障诊断与预防。

有限元分析可以用于帮助识别潜在的设计缺陷或操作失误，提前采取措施避免事故。

（8）产品开发与测试。

在新产品研发过程中，有限元分析可以用于虚拟原型测试，降低实体试验的成本和时间消耗。

(9) 教育与培训。

有限元分析可以作为教学工具，帮助学生理解复杂工程概念，培养工程师解决问题的能力。

(10) 法规遵从性验证。

有限元分析可以用于确保符合特定安全标准和行业规范要求的设计。

本章总结

本章介绍了基于ANSYS的振动测试理论分析及数据后处理方法。实验与理论分析作为科学研究中不可或缺的两个方面，彼此之间形成了相互依存、相互促进的关系。实验为理论分析提供实证数据支持，而理论分析则为实验提供指导和解释框架。这种互动关系不仅推动了科学的发展，也促进了技术的进步。特别地，模态分析作为结构动力学中的一个重要分支，主要用于确定结构的固有频率、振型和阻尼比等参数，在研究结构的动力学特性方面发挥着关键作用。

习　　题

一、简答题

4-1　为什么要进行有限元分析?

4-2　有限元分析的主要步骤是什么?

4-3　有限元网格一般划分为多大比较合适?

二、应用题

4-4　使用 ANSYS Workbench 对其他边界条件下的横梁进行模态分析，并进行比较。由边界条件对模态的影响可得出怎样的结论?

4-5　通过模态分析，研究悬臂梁在有无裂缝损伤的情况下，其固有频率和振型是否会发生变化?会发生怎样的变化?由此可得出怎样的结论?

第5章 创新拓展案例

机械测控系统实训作为工程技术教育的重要组成部分，旨在培养学生将理论知识应用于实际操作。它不仅是理论学习的延伸，也是创新能力培养的摇篮。近年来，随着科技的迅速发展，测控技术的应用领域日益广泛，从工业自动化到智能交通系统，从精密医疗设备到航空航天，测控技术的创新正推动着社会的进步。因此，将机械测控系统实训与创新拓展相结合成为高校教育改革的热点方向。

在这一背景下，大学生创新项目和本科生毕业设计成为连接课堂与现实世界的桥梁，使学生在实践中深化对专业知识的理解，激发其创新思维。通过参与实际工程项目，学生不仅能够接触最新的科研动态和技术趋势，还能在团队合作中锻炼沟通协调能力和项目管理技能，这对其未来职业生涯的发展至关重要。

本章为机械测控系统实训的创新拓展模块，通过介绍大学生创新项目和本科生毕业设计案例，来探索基于机械测控系统实训的机械创新实践。下面详细介绍两个具有代表性的创新拓展案例——“××构件振动检测方案及夹具设计”与“涡流高精度测厚方法研究”。这两个案例均源自机械测控系统实训的深度探索，它们不仅体现了测控技术的前沿应用，也彰显了大学生创新项目的独特价值和本科生毕业设计的学术深度。

“××构件振动检测方案及夹具设计”案例聚焦振动检测领域的技术创新，旨在通过设计合理的检测方案和专用夹具，精确评估构件的损伤状态。该项目不仅要求学生掌握振动检测原理，还要求他们灵活运用有限元分析软件和信号处理技术，体现了跨学科知识的融合。

“涡流高精度测厚方法研究”案例着眼于材料厚度测量技术的改进，通过优化涡流探头和信号处理算法，提升测厚装置的精度和稳定性。该项目要求学生深入了解电磁感应原理，掌握电路设计与信号处理的最新进展，同时考验他们将理论应用于解决实际问题的能力。

这两个案例的创新拓展不仅为学生提供了展示个人才华和团队协作精神的舞台，还为行业带来了新的解决方案，促进了测控技术的革新与发展。通过这样的实训经历，学生们不仅能够深化专业技能，还能培养出面向未来的创新意识和实践能力，为成为高素质工程技术人才奠定坚实的基础。

5.1 案例1：××构件振动检测方案及夹具设计

本案例旨在设计一套能够有效判断构件中损伤大小、位置和严重程度的检测方案，以准确识别和量化××构件中的损伤。该方案的核心在于选用合适的传感器、激励方式和检测模式，结合精心设计的检测夹具，以实现对损伤的高精度检测。

5.1.1 研究任务

1. 有关本项目的任务要求

对于××构件中存在的宏观缺陷通常采用振动方法进行定性检测和定量检测。××构件的边界条件及缺陷位置等因素会影响检测精度。本项目使用振动检测法对缺陷位置、缺陷大小及××构件边界条件对检测信号大小的影响与检测精度的影响进行研究，以设计出能确定××构件损伤的合理检测方案和专用夹具。

2. 有关本项目的技术参数

工件参数：××构件尺寸如图××所示（图略），弹性模量 $E=3.3\times10^4$ MPa，泊松比 $\nu=0.2$，密度 $\rho=2.6$ g/cm^3。

3. 工作量分析及任务分解

（1）设计内容。

① 使用 ANSYS Workbench 软件对××构件进行建模。

② 设置缺陷位置及缺陷大小，计算不同边界条件下梁的模态参数。

③ 分析不同边界条件下，××构件的模态参数和缺陷位置、缺陷大小的定量关系。

④ 根据分析结果，确定对损伤检测的最佳检测方案，设计并绘制最优专用夹具图。

（2）编写15000字左右的设计说明书。

（3）研究进度。

研究进度安排见表5-1。

表5-1 研究进度安排

序号	研究进度	起止周数	完成率/(%)
1	教师布置题目； 查阅资料及参考文献； 撰写开题报告	第1～2周	5
2	对××构件试件进行建模； 建立××构件振动信号的有限元仿真模型	第3～5周	35
3	设置缺陷位置及缺陷大小； 计算不同边界条件下××构件的模态参数； 中期检查	第6周	20

续表

序号	研究进度	起止周数	完成率/(%)
4	分析不同边界条件下××构件模态参数和缺陷位置、缺陷大小的定量关系； 确定最佳检测方案； 设计并绘制最优专用夹具图	第7～9周	30
5	完成设计说明书初稿并交指导教师审核	第10～11周	10

4. 参考文献

[1] 张豪，史富强．基于应变模态差的连续梁损伤识别方法研究与应用［J］．浙江工业大学学报，2019，47（3）：280－285.

[2] 王鑫．基于模态曲率法的简支梁损伤识别［J］．天水师范学院学报，2017，37（2）：52－55.

[3] 路平，王龙，段静波，等．基于附加质量的梁损伤识别影响因素分析［J］．解放军理工大学学报：自然科学版，2017，18（3）：295－301.

[4] 孔成，续秀忠．基于曲率模态理论的悬臂梁损伤识别研究［J］．工业控制计算机，2016，29（10）：114－115，117.

[5] 晏越．基于模态参数的悬臂梁损伤识别方法研究［J］．科技展望，2016，26（9）：44－45.

[6] 宫振，肖宗萍，杨斌．基于模态振型的简支梁损伤识别［J］．湖南工程学院学报：自然科学版，2012，22（4）：65－67.

[7] 王吉．简支T梁损伤识别方法的研究［J］．重庆工商大学学报：自然科学版，2012，29（8）：65－68.

[8] 尤吉，纪厚强，朱星虎．模态分析在悬臂梁损伤识别中的应用［J］．低温建筑技术，2011，33（9）：66－67.

[9] 苏明于，滕海文．基于振型导数的混凝土梁损伤识别方法［J］．科技资讯，2011，8（15）：94－95，97.

[10] 王雪峰，董魁，余青松，等．应用移动质量法的结构损伤小波识别方法［J］．交通科技，2010，20（1）：10－13.

[11] 安振武．基于振动的导管架平台结构健康监测技术研究［J］．天津科技，2018，45（6）：41－45.

[12] 周奎，吴伟，张富文．基于振动特性的U形梁损伤识别［J］．工程抗震与加固改造，2018，40（3）：55－61.

[13] 谢锦宇，古滨．基于振动的桥梁结构损伤识别方法［J］．四川建材，2016，42（2）：145－147.

[14] 邹志强，吴斌．基于振动的结构损伤识别方法研究［J］．舰船电子工程，2014，34（4）：152－156.

[15] ALABUZHEV P M，RIVIN E. Vibration protecting and measuring systems with

quasi - sero stiffness [M]. New York: Hemisphere Publishing Corporation, 1989.

[16] MORMU T, PRADHAN S C. Small - scale effect on the vibration of nonuniform nanocantilever based on nonlocal elasticity theory [J]. Physica E: Low - dimensional Systems and Nanostructures, 2009, 41 (8): 1451 - 1456.

[17] CUPIAL P, NIZIOL J. Vibration and damping analysis of a three - layered composite plate with a viscoelastic mid - layer [J]. Journal of Sound and Vibration, 1995, 183 (1): 99 - 114.

[18] BANERJEE J R. Free vibration of sandwich beams using the dynamic stiffness method [J]. Computers and Structures, 2003, 81 (18): 1915 - 1922.

[19] CHEN Z Q. On - site observation of wind - rain induced vibration of stay cables and its control [J]. Environmental Science, Engineering, 2005, 22 (4): 5 - 10.

[20] ASNAASHARI E, SINHA J K. Crack detection in structures using deviation from normal distribution of measured vibration responses [J]. Journal of Sound and Vibration, 2014, 333 (18): 4139 - 4151.

5.1.2 研究内容指导

1. 设计目标

设计出能确定构件中缺陷位置、缺陷大小和缺陷严重程度的合理检测方案。

【拓展音频】

2. 设计内容

(1) 传感器类型(型号)、激励方式(有几种、采用哪种、采用原因)、检测方式(有几种、采用哪种、采用原因)的确定。

(2) 检测专用夹具的设计方案确定。设计的夹具应确保具有最高的检测精度,在使用过程中能够准确识别缺陷位置、缺陷大小和缺陷严重程度,并对缺陷的位置和大小具有高度的敏感性,从而实现高精度的损伤检测。

3. 夹具设计方法

(1) 当夹具夹在构件的不同位置时(构件的边界条件不同时),考虑不同检测方法、不同缺陷位置、不同缺陷大小等因素变化对振动信号变化的影响,若影响大,则说明缺陷位置、缺陷大小对信号的影响大,易检测。

(2) 检测信号的指标主要有固有频率及振型。分析哪些参数变化对这两个信号变化的影响大。信号的变化=无损伤时的信号－有损伤的信号,或者使用有损伤和无损伤的有限元分析结果进行比较。

(3) 当相关参数均分析完成后,找出最佳结果,设计夹具结构,画出夹具图。

4. 参考资料

(1) 传感器型号、特点、使用等可参考《工程测试技术与信息处理》《机械测控系统实训指导书》及振动检测仪器厂家的使用说明书。

(2) ANSYS Workbench 有限元分析软件的使用方法可参考网上的模态分析视频教程，最后计算包括夹具整个结构的固有频率和振型。

(3) 利用固有频率和振型诊断缺陷的过程和方法可参考中国知网相关论文。

(4) 缺陷位置可出现在构件任意处，选择多个典型位置设置缺陷。缺陷大小要设置合适，缺陷太小则使用振动方法检测不出来。缺陷的设置方法可参考相关的 ANSYS Workbench 视频教程。

5.1.3 研究报告参考提纲

注意：以下提纲仅供参考，具体内容应根据具体情况进行调整。

摘要

Abstract

第1章 绪论

1.1 研究背景及意义

1.1.1 研究背景

1.1.2 研究意义

1.2 国内外研究现状

1.3 研究内容及技术路线

1.3.1 研究内容（毕业设计要求，检测方案设计包含哪些内容）

1.3.2 技术路线（检测方案设计如何展开）

1.4 本章小结

第2章 振动检测（或模态分析）技术理论

2.1 振动检测（或模态分析）技术原理

2.2 ANSYS Workbench 模态分析

2.2.1 ××构件有限元建模

2.2.2 仿真计算

2.3 MATLAB 软件信号处理

2.4 本章小结

第3章 ××构件的振动检测方案设计

3.1 检测设备的选择（包括传感器选择、激励方式、检测方式、夹持方式、检测设备选择等，根据厂家相关设备说明，介绍设备、元件的功能、参数、所选型号及选择理由）

3.2 检测方案的确定（包括损伤的定性方法、定位方法、定量方法、最佳边界条件的确定等）

3.3 本章小结

第4章 ××构件的模态分析

4.1 ××构件有限元建模

4.2 ANSYS Workbench 仿真参数设置

4.3 边界条件的影响

4.3.1 边界条件1的影响

4.3.2 边界条件 2 的影响

4.3.3 边界条件 3 的影响

4.4 ××构件的缺陷定位

4.5 ××构件的缺陷定量

4.6 本章小结

第 5 章 夹具优化设计

5.1 夹具概述

5.2 夹具的技术要求

5.3 夹具定位方案的确定

5.3.1 定位基准选择

5.3.2 定位约束分析

5.3.3 定位误差分析

5.4 夹具设计

5.4.1 夹具组成

5.4.2 夹紧力计算

5.5 夹具图纸绘制

5.6 本章小结

第 6 章 结论和展望

6.1 结论

6.2 展望

参考文献

5.2 案例2：涡流高精度测厚方法研究

涡流测厚技术是现代无损检测领域的重要组成部分，广泛应用于金属材料厚度的快速测量。本案例旨在针对2～20mm的SUS304不锈钢工件开发出一种检测精度较高的涡流测厚装置，通过分析涡流探头的关键参数（频率、尺寸、激励电流及线圈布局），研究其如何影响检测信号的大小，进而优化涡流测厚装置的性能。

5.2.1 研究任务

1. 研究目标

为解决金属工件的测厚问题，设计涡流测厚装置，获取工件的厚度检测信号。要求考虑涡流探头的频率、尺寸、激励电流及线圈布局对检测信号大小的影响，获得涡流探头测厚的最佳方案。

2. 相关参数

工件参数：平板厚度为2～20mm，SUS304不锈钢，电导率$\sigma_0=1.4\times10^6$S/m，相对导磁率$\mu_r=1$。

3. 研究内容

（1）使用ANSYS Workbench软件对金属平板及涡流探头进行建模。

（2）通过数值计算，研究金属平板探头检测信号和距离的关系，建立二者之间的关系曲线。

（3）分析在不同工作参数下，工件厚度和检测信号的定量关系，通过研究涡流探头尺寸、频率等关键参数的影响，确定最佳检测方案。

（4）实验验证。

4. 参考文献

[1] 宋冠儒，刘冲，李经民，等．电涡流传感器探头的结构优化［J］．机电技术，2021（4）：61-64.

[2] 陈云瑞，季宏丽，裘进浩．矩形-圆形涡流探头设计与碳纤维预浸料的无损检测［J］．南京航空航天大学学报，2021，53（1）：109-115.

[3] 田学臣，辛佳兴，陈金忠，等．涡流测距探头灵敏度与磁性芯片位置的相关性研究［J］．中国特种设备安全，2020，36（7）：47-52.

[4] 马冰洋，黄桂林，杨泽榕．不锈钢焊缝的涡流正交探头检测试验［J］．无损检测，2020，42（5）：63-66.

[5] 王震亚，于岩，池成琳，等．X型涡流探头对裂纹类缺陷测量的响应规律［J］．无损检测，2020，42（1）：41-45，74.

[6] 陈小飞，汪顺利．基于涡流效应的点式探头干扰信号分析［J］．科技视界，2018，（19）：35-36，27.

[7] 李林凯，蹇兴亮，张澄宇. 一种涡流检测探头响应与缺陷大小的关系研究 [J]. 传感技术学报，2017，30 (6)：847 - 854.

[8] 黄云龙，谢振宇，张浩，等. 电涡流传感器探头线圈的参数化设计与制造 [J]. 机械与电子，2017，35 (3)：37 - 41，46.

[9] 王冬冬，王巍超，吴少云. 涡流检测旋转探头性能评价研究 [J]. 无损探伤，2016，40 (5)：20 - 24.

[10] 郑水华，于磊，王艳丽. 基于有限元法的电涡流传感器探头线圈设计 [J]. 水电自动化与大坝监测，2014，38 (2)：28 - 31.

[11] 祝忆春，杨琳瑜，邱玉兰. 基于多指标正交实验的涡流探头优化设计 [J]. 失效分析与预防，2013，8 (4)：222 - 225，258.

[12] 陈建军，王诗涵，王海波. 基于 BP 神经网络的换热器涡流检测探头参数的预测研究 [J]. 吉林化工学院学报，2013，30 (3)：32 - 34.

[13] 刘正平，徐晟航，程蔚. 用于电极裂纹检测的反射式涡流探头设计 [J]. 中国铁路，2011 (10)：28 - 31.

[14] 程蔚. 一种用于裂纹检测的新结构反射式涡流探头 [D]. 南昌：华东交通大学，2011.

[15] 张科红，孙坚，徐红伟. 涡流检测探头校验装置的研制与应用 [J]. 实验技术与管理，2009，26 (9)：56 - 58.

5.2.2 研究内容指导

1. 研究目标

获得工件厚度的最佳涡流测厚方案。

【拓展音频】

2. 研究内容

(1) 传感器的影响参数分析。

计算分析激励频率、线圈内径、提离高度与线圈外径、线圈匝数等参数对涡流信号及测厚精度的影响，设计最佳参数，实现最优测厚。

(2) 确定专用夹具的方案。

专用夹具要满足检测精度最高，使用时能检测到缺陷大小、缺陷位置和缺陷严重程度，而且对缺陷位置、缺陷大小等敏感。

3. 线圈的优化

(1) 考虑缺陷位置、缺陷大小等因素变化对涡流信号变化大小和检测精度的影响。

(2) 线圈的参数有半径、厚度、激励频率、提离高度等，分析哪些参数变化对阻抗信号的影响大。

(3) 当相关参数均分析完成后，确定最佳线圈尺寸。

4. 参考资料

(1) 线圈的尺寸、特点、使用等可参考《测试技术》《机械测控系统实训指导书》及检测仪器的使用说明书。

(2) ANSYS Workbench 有限元分析软件的使用方法可直接参考网上视频教程，最后计算包括线圈的阻抗信号。

(3) 利用涡流阻抗信号测厚的过程和方法可参考中国知网相关论文。

(4) 线圈布局和测厚方法有关。若使用透过式测厚法，则线圈应布置在材料两侧，并使用低频激励。

5.2.3 研究报告参考提纲

注意：以下提纲仅供参考，具体内容根据学生情况进行调整。

摘要

Abstract

第1章 绪论

1.1 研究背景

1.2 研究目的与意义

1.3 国内外研究现状

1.4 论文研究主要内容及技术路线

1.5 本章小结

第2章 涡流测厚技术基础理论

2.1 涡流测厚原理

2.2 电流阻抗分析法

2.3 本章小结

第3章 探头参数的优化设计

3.1 激励频率的影响

3.2 线圈内径的影响

3.3 提离高度与线圈外径的影响

3.4 线圈匝数的影响

3.5 本章小结

第4章 涡流测厚的有限元分析

4.1 测厚的几何建模

4.2 参数设置

4.3 理论计算结果可行性的验证

4.4 本章小结

第5章 涡流测厚装置的机械结构设计

5.1 探头的优化设计

5.2 支架平台设计

5.3 本章小结

第6章 总结与展望

6.1 总结

6.2 展望

参考文献

5.3 知识拓展

5.3.1 构件振动检测的意义及基本操作过程

在现代工程领域，振动检测对于评估结构健康状态、优化设计及保障运行安全具有重要意义。特别是对于关键机械构件而言，准确的振动检测不仅可以揭示其内部动力学特性，还能为故障诊断和预防性维护提供重要依据。

1. 构件振动检测的意义

（1）构件振动检测的应用背景。

由于工程中使用的很多构件在加工、使用过程中会出现裂纹、夹渣等缺陷，影响构件的安全使用，因此需要使用有效的方法进行检测。构件中存在的宏观缺陷通常采用振动方法进行定性检测和定量检测。由于构件的边界条件及缺陷位置等因素影响信号的检测精度，因此需要使用振动方法对缺陷位置、大小及构件的边界条件对检测信号大小的影响和检测精度的影响进行检测分析，设计出能确定构件损伤的合理检测方案和相应的检测夹具。

（2）构件振动检测的理论基础。

构件振动检测的理论基础参见 3.4.1 节模态分析的经典理论。

（3）构件振动检测的工程意义。

① 健康监测：准确掌握××构件的振动特性对于保障其安全可靠运行至关重要。通过振动检测可以及时发现潜在问题并采取预防措施，避免事故发生；同时能为优化设计提供科学依据，提高产品性能，延长使用寿命。

② 故障诊断：在机械设备的故障诊断中，振动检测同样发挥着重要作用。通过对设备正常运行状态下和故障状态下的振动信号进行对比分析，快速定位故障源并确定其严重程度。

2. 构件振动检测的基本操作过程

根据××构件的具体应用场景和功能要求，明确振动检测的目标和预期效果。例如，在航空发动机叶片中，主要关注高频振动模式及其对叶片疲劳寿命的影响；在桥梁主梁中，侧重低频振动特征及其对结构整体稳定性的贡献。

确定振动检测所需的精度、分辨率、响应时间等关键性能指标。高精度意味着传感器能够捕捉更为细微的变化；但对于某些低频振动来说，过快的响应可能会引入不必要的高频噪声。因此，在选择传感器时，需根据具体应用场景确定合适的参数配置。

构件振动检测的基本操作过程同 3.4.1 节模态分析的基本操作过程。

3. 夹具设计过程

（1）需求分析。

① 固定方式：夹具的主要功能是将××构件牢固地固定在测试平台上，确保其在整

个实验过程中保持稳定。常见的固定方法包括螺栓连接、胶黏剂固定、磁铁吸附等。每种固定方法都有各自的优缺点，需根据具体情况并权衡利弊后决定。

② 装卸便利性：夹具的设计不仅要满足固定要求，还要考虑安装和拆卸的便利性。过于复杂的结构会增加操作难度，延长准备时间；而过于简单的结构可能无法提供足够的支撑力，影响测试结果的准确性。

（2）材料选择。

① 强度与刚度：夹具材料应具备足够的强度和刚度，以抵抗外部载荷和振动引起的变形。常用材料包括铝合金、不锈钢、钛合金等，它们各自拥有不同的力学性能和加工工艺特点。选择时需综合考虑成本、质量、耐蚀性等。

② 表面处理：为了提高夹具的耐磨性和耐蚀性，通常需要对其进行表面处理。常见的表面处理方法包括阳极氧化、镀铬、喷涂等。这些表面处理不仅能改善外观质量，还能延长使用寿命、降低维护成本。

（3）结构优化。

① 有限元分析：利用有限元分析软件对夹具结构进行建模和仿真，评估其在不同工况下的应力分布和变形情况。通过不断调整设计参数（如壁厚、加强筋布局等），可以有效提高夹具的整体性能，确保其在极端条件下仍能正常工作。

② 轻量化设计：在保证结构强度的前提下，尽可能减轻夹具的质量。这不仅有利于减少测试平台的负担，还能提高测试精度和效率。例如，采用空心结构、镂空设计等方式可以在不牺牲夹具性能的情况下显著降低材料用量。

5.3.2 涡流测厚技术的原理与应用

涡流测厚技术作为一种非破坏性试验方法，广泛应用于金属材料的厚度测量、缺陷检测和表面处理质量评估等领域。随着工业领域对产品质量和安全性的要求不断提高，涡流测厚技术也在不断发展和完善，尤其是在高精度测厚方面取得了显著进展。

1. 涡流测厚技术的意义

（1）涡流测厚技术的应用背景。

① 涡流效应。涡流效应是指将导电材料置于变化磁场中，在其内部会产生感应电流，这些电流形成闭合回路，称为电涡流。电涡流的存在会导致磁通的变化，进而影响外部磁场的分布。这种现象可以用来测量材料的物理性质，如厚度、导电率等。

② 应用背景。涡流测厚技术主要应用于金属板材、管材、涂层等材料的厚度测量。在航空航天、汽车制造、石油化工等领域，精确测量材料厚度对于确保产品质量和安全性至关重要。此外，涡流测厚广泛用于表面处理质量评估，如镀锌层、镀铬层等的厚度控制，以保证耐蚀性。

（2）涡流测厚的理论基础。

① 麦克斯韦方程组。涡流测厚技术的基础是电磁学中的麦克斯韦方程组，它描述了电场和磁场之间的相互作用关系。通过改变激励频率、磁场强度等，可以调节涡流特性，从而实现对不同材料的厚度测量。

② 涡流响应模型。涡流响应模型用于描述涡流在材料中的传播行为及其对外部磁场

的影响。常用的模型包括平面波近似、有限元分析等。这些模型能够帮助研究人员更好地理解涡流测厚的工作机制，并指导仪器设计和参数优化。

（3）涡流测厚的工程意义。

涡流测厚是一种典型的无损检测方法，能够在不破坏样品的情况下获取其内部结构信息。与传统的机械式测厚仪测厚相比，涡流测厚具有更高的效率和更高的准确性，尤其适用于难以接触部位或敏感部位的测量。

在一些连续生产（如轧钢生产线、喷涂车间等）的场合下，涡流测厚可以实现在线实时监测，及时发现并纠正偏差，确保产品质量稳定。此外，结合自动化控制系统，涡流测厚可以实现自动调整工艺参数，提高生产效率。

2. 涡流测厚技术的研究进展

（1）传统涡流测厚技术。

① 单频涡流测厚技术。单频涡流测厚是最基本的测厚方法，通过固定频率的交变磁场激发涡流，然后测量反射信号的变化来计算材料厚度。这种方法虽然简单易行，但受材料导电率、几何形状等因素影响较大，故测量精度较低。

② 多频涡流测厚技术。多频涡流测厚利用多个不同频率的交变磁场进行测量，通过对比各频率下的响应差异，消除干扰因素的影响，提高测量精度。这种方法特别适用于具有复杂结构的材料或存在涂层的材料的厚度测量。

（2）现代涡流测厚技术。

① 脉冲涡流测厚技术。脉冲涡流测厚采用短时间内的高强度脉冲磁场激发涡流，然后记录衰减过程中的响应信号。这种方法能够有效减少噪声干扰，提高信噪比，适用于薄层材料和复合材料的厚度测量。

② 锁相放大器涡流测厚技术。锁相放大器涡流测厚利用锁相技术同步跟踪激励信号和响应信号之间的相位关系，从而提取微弱的涡流响应信号。这种方法提高了测量灵敏度和分辨率，特别适用于有高精度要求的应用场合。

③ 阵列涡流测厚技术。阵列涡流测厚通过布置多个传感器单元组成线性或面状阵列，同时采集多个位置的涡流响应数据，通过对数据进行综合处理，可以获得更全面的信息，提高测量精度和可靠性。此外，阵列涡流测厚具备快速扫描能力，适用于大面积材料厚度的高效检测。

3. 涡流检测技术的应用拓展

（1）材料分类与识别。

涡流检测技术不仅可以测量材料厚度，还可以用于材料分类与识别。通过对不同材料的涡流响应特性进行对比分析，可以快速区分各种金属及其合金类型，这在废旧金属回收、考古文物鉴定等领域具有重要意义。

（2）缺陷检测。

在机械设备的故障诊断中，涡流检测技术同样发挥着重要作用。对设备正常运行状态下和故障状态下的涡流信号进行对比分析，可以快速定位裂纹、腐蚀等缺陷位置，并确定其严重程度。

（3）表面处理质量评估。

涡流检测技术可以帮助评估表面处理的质量，如镀锌层、镀铬层等的厚度控制，以保证耐蚀性。通过比较新旧涂层的涡流响应差异，可以判断是否存在剥落、起泡等问题，及时采取补救措施，以延长设备使用寿命。

本章总结

本章介绍了××构件振动检测方案及夹具设计和涡流高精度测厚方法研究两个典型的应用案例。

案例1是××构件振动检测方案及夹具设计。本案例详细介绍了针对某一特定构件进行振动检测时所采用的完整方案及配套夹具的设计过程。通过对该案例的学习，学生可以了解实际工程中振动测试面临的挑战及解决这些问题的方法。同时，这为其今后参与类似项目积累了宝贵的经验。

案例2是涡流高精度测厚方法研究。涡流测厚作为一种快速、无损且高效的材料厚度测量方法，在众多工业领域得到了广泛应用。本案例聚焦于涡流高精度测厚方法的研究，旨在探索提高测量精度的有效途径。通过一系列理论分析和实验验证，学生能够掌握涡流高精度测厚的基本原理和技术细节，理解其在实际应用中的优势与局限性，为其进一步开展相关研究奠定基础。

习　　题

应用题

5-1　试设计铝合金板材的厚度检测方案，选择所用传感器，并绘制仪器框图。该铝合金板材的厚度约为30mm。

5-2　涡流传感器有高频反射式和低频透射式两种典型的应用模式。说明这两种应用模式的工作原理。这两种典型的应用模式中，各要用到几个传感器？传感器是如何布置的？各有什么作用？

5-3　试采用高频反射式涡流传感器设计铝合金板材的厚度检测方案，说明其工作原理，并绘制其传感器布置图。说明该方案和采用低频透射式涡流传感器测厚方案各自的优缺点。

第6章 模态分析理论及其工程应用

6.1 模态分析理论

6.1.1 模态分析的定义

模态分析是结构动力学领域中一项至关重要的技术，它通过实验测试来识别和量化结构的固有频率、振型和阻尼比等模态参数，这些参数是理解和预测结构动态响应的关键。模态分析在桥梁、建筑物、航空器、汽车、机械装备等多个领域都有广泛应用，是结构健康监测、故障诊断、设计优化和性能验证的重要工具。

模态分析包括总体的模态分析理论、信号处理的数据采集理论、提取有效信息的参数识别理论及确定试验有效性的模态验证理论。

模态分析基于结构的动力学方程，其核心是理解结构在动态载荷作用下的响应。对于多自由度系统，其动力学方程可以表示为

$$m\ddot{\boldsymbol{x}}+c\dot{\boldsymbol{x}}+k\boldsymbol{x}=\boldsymbol{F}_0 e^{i\omega t} \tag{6-1}$$

式中，m 为质量矩阵，反映结构的质量分布；c 为阻尼矩阵，反映结构的能量耗散；k 为刚度矩阵，反映结构的弹性特性；$\boldsymbol{x}$ 为位移向量，描述结构各节点的位移；$\dot{\boldsymbol{x}}$ 和 $\ddot{\boldsymbol{x}}$ 分别为速度向量和加速度向量；$\boldsymbol{F}_0 e^{i\omega t}$ 为外力向量，描述作用在结构上的动态载荷。

由上式可得频响函数（或称复频响应函数、机械导纳）

$$\boldsymbol{H}(\boldsymbol{\omega})=\frac{1}{k-m\omega^2+ic\omega} \tag{6-2}$$

展开成各模态叠加形式，即

$$\boldsymbol{H}(\boldsymbol{\omega})=\sum_{i=1}^{n}\left(\frac{1}{a_i}\cdot\frac{\psi_i\psi_i^{\mathrm{T}}}{\mathrm{j}\omega-\lambda_2}+\frac{1}{a_i}\cdot\frac{\psi_i^{*}\psi_i^{*1}}{\mathrm{j}\omega-\lambda_i^{*}}\right) \tag{6-3}$$

由上式可求模态固有频率、振型及阻尼比。

6.1.2 模态分析试验方法

为进行模态分析，首先要测得激振力及相应的响应信号，进行传递函数分析，也称频响函数分析。传递函数分析实质上是机械导纳，i 点和 j 点之间的传递函数表示在 j 点作用单位力时在 i 点所引起的响应。要得到 i 点和 j 点之间的传递函数，只要在 j 点加一个频率为 f 的正弦的力信号激振，而在 i 点测量其引起的响应，就可得到计算传递函数曲线上的一个点；然后分别测得其相应的响应，就可以得到传递函数曲线。最后建立结构模型，采用适当的方法进行模态拟合，得到各阶模态参数和相应的模态振型动画，形象地描述系统的振型。

根据模态分析的原理，要测得传递函数模态矩阵中的任一行或任一列，可采用不同的测试方法。要得到矩阵中的任一行，要求采用各点轮流激励、一点测量响应的方法；要得到矩阵中任一列，采用一点激励、多点测量响应的方法。在实际应用时，单点拾振法常用锤击法激振，用于结构较为轻小、阻尼不大的情况。对于笨重、大型及阻尼较大的系统，则常用固定点激振的方法，用激振器激励，以提供足够的能量。当结构常因过于巨大、笨重，以至于采用单点激振时不能提供足够的能量把我们感兴趣的模态激励出来，或者当结构在同一频率时可能有多个模态时，单点激振不能把它们分离出来，这时就需要采用多点激振的方法，采用两个甚至更多的激励来激发结构的振动。

模态分析通常通过实验测试来获取结构的动态响应，进而识别模态参数。常用的实验方法包括力锤激励法、激振器激励法、环境激励法。

（1）力锤激励法。

小型结构通常采用力锤激励法来测试响应。在示波状态下，用力锤锤击各测点，观察通道有无波形，如果通道无波形或波形不正常，就要检查仪器是否连接正确、导线是否接通、传感器及仪器的工作是否正常，等等，直至波形正确为止。使用适当的锤击力锤击各测点，调节量程范围，直到力的波形和响应的波形既不过载又不过小。用力锤敲击梁时应干净利落，不要造成对梁的多次连击，否则会导致频响函数曲线变差。需要判断锤击信号和响应信号的质量，判断原则为：力锤信号无连击，振动信号无过载。

（2）激振器激励法。

中、大型结构可以采用激振器激励法。通常采用信号发生器（信号源），信号源频率的信号类型为线性扫频，设置起始频率、结束频率、线性扫频速度。按下“开始”按钮，调节电压值为 2000mV 或以上，信号源开始线性扫频。

在示波状态下，观察通道有无波形。如果通道无波形或波形不正常，就要检查仪器是否连接正确、导线是否接通、传感器及仪器的工作是否正常，等等，直至波形正确为止。根据信号源输出电压的大小灵活调节传感器所在通道量程范围，直到力的波形和响应的波形既不过载又不过小。若发现传感器信号过小，则可适当增加信号源或功率放大器的电压输出。

（3）环境激励法。

中、大型结构可以采用环境激励法（不测力法）。虽然测力法测量得到的模态结果比不测力法得到的结果要准确，但是对于大型建筑、桥梁、汽轮发电机组等都是很难通过人工施加激励力的，其结构的响应主要由环境激励引起，如机器运行时由质量不平衡产生的惯性力，车辆行驶时的振动及微地震产生的地脉动等各种环境激励，而这些环境激励既不可控制又难以测量。在这种情况下，只能利用响应信号来辨识结构的模态参数。这种在实验过程中不需要测量激励力的模态实验方法称为环境激励法，也称不测力法。

环境激励法是基于输入为平稳随机过程假设下的参数识别方法。也就是说，假设给结构的输入（环境激励力）为随机信号，随机信号的功率谱为常值。如此得到的响应信号是随机激励下的响应信号，这样就可以用响应信号的互谱来代替频响函数进行参数辨识和模态参数的估计。该方法适用于桥梁及大型建筑、运行状态的机械设备、不易实现人工激励的结构的实验模态分析。

由于大型结构所用的测点较多，在传感器数量不足的情况下，需要分多批次来完成所有测点的数据采集，在这种分批次测试的情况下，每批次所测试的数据时间和环境激励情况不一样，会导致不能满足结构的线性时不变原则。为了解决这个问题，需要引入参考点，即选择结构上的一个测点作为参考点，在分批次进行数据测试时，在每批次数据中均要测量作为参考点的测点的数据，这样就保证所有测点的数据均以参考点作为依据，最终在进行模态分析时，进行数据的归一化处理，可得到结构的整体模态参数。参考点的选取原则为：尽量不要选取结构的某一阶振型的节点作为参考点。在作为参考点的测点安装压电式加速度传感器，该传感器在整个测试过程中始终在该测点处。

6.1.3 数据采集理论

数据采集的信号一般由有效信号和噪声叠加而成。对于振动测试，有效信号通常是恒定频率的周期信号，而噪声为随机信号。

经过 A/D 转换，连续的模拟信号采样为离散的时域数据点。AD 位数决定数值精度，采样率决定时间精度。依据香农采样定理，采样率至少需要达到信号最大频率的 2 倍，才能有效重建原始信号。

对于周期信号，通常采用傅里叶变换，将时域数据点转换为频域数据点来分析。由于傅里叶变换仅支持周期函数，因此必须把非周期的时域信号截断，复制多份并前后拼接。因拼接点前后数值往往不一致，会产生跳跃（图 6.1），故需要在数据上叠加窗函数。

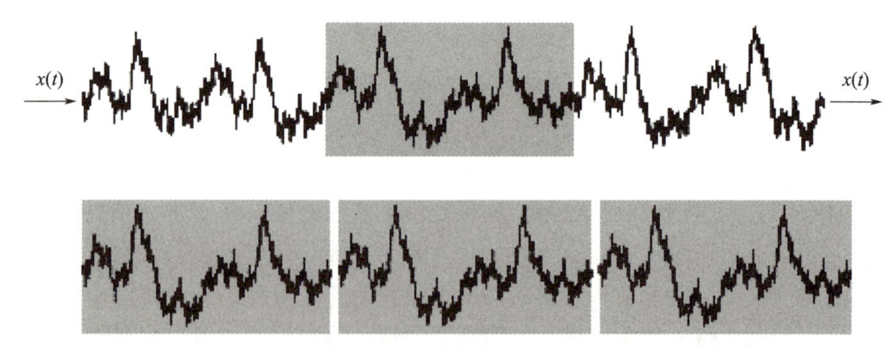

图 6.1 信号的截断与拼接

常见的窗函数如图 6.2 所示。窗函数在时域上表现为两端为 0、中间为 1 的曲线，确保截断延拓的数据段落两端始终为 0，在频域上则表现为中心的高主瓣及两边的低旁瓣。尖锐的高主瓣可以更好表现信号的真实频率，而平坦的主瓣或高旁瓣会得到错误的频率峰（能量泄漏）。

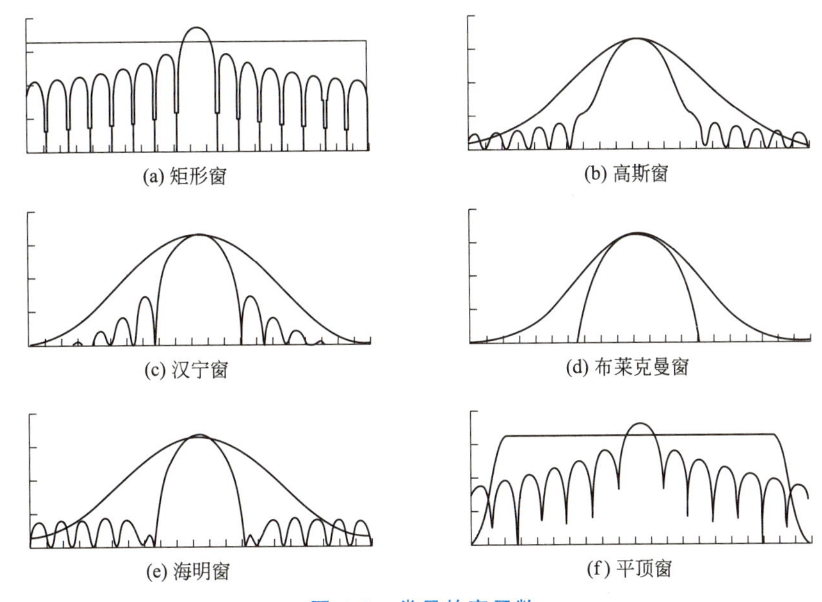

图 6.2 常见的窗函数

加窗后的信号经傅里叶变换转换为频谱。分析的最高频率取采样率除以2.56，以防信号混叠。分析数据点数越多，频率分辨率越高，对频域曲线的描绘越精细。为防止偶发冲击噪声干扰，通常取多次频谱求平均值，当数据量不足时，可以每次重叠部分信号。

6.1.4 参数识别理论

定义系统的输入输出关系为 $X(f)=H(f)f(f)$，由于 f 可为0，不能直接计算，因此通常采用自功率谱和互功率谱计算，即

$$H_1(f)=\frac{X(f)F^*(f)}{F(f)F^*(f)}=\frac{G_{XF}}{G_{FF}} \tag{6-4}$$

$$H_2(f)=\frac{X(f)X^*(f)}{F(f)X^*(f)}=\frac{G_{XX}}{G_{FX}} \tag{6-5}$$

工程实验中不可避免地会受噪声干扰，直接计算会得到“带毛刺”的曲线。但由于理论上图像应为斜直线（固定频率的 H 值并不随激励 f 和响应 X 变化），因此可以采用最小二乘法拟合来计算 H 值。

图6.3所示为常见的 H 估计方法。其中，H_1 为互谱对激励自谱，考虑响应信号的噪声，更适合单激励、多响应实验数据；H_2 为响应自谱对互谱，考虑激励信号的噪声，更适合多激励、单响应实验数据；H_v 则同时考虑激励信号与响应信号的噪声，更适合多激励、多响应实验数据。

通过最小二乘法拟合求得 H 值后，有多种方法可以求解模态频率、阻尼比与振型向量。常用的有峰值检测、圆拟合、特征系统实现算法、最小二乘复频域法等。所有方法均适用于简单结构、单一自由度、单一激励，对于较为复杂的模型（多激励多响应、多自由度整体分析），往往采用最小二乘复频域法。

H 作为频率 f 的函数，可以被表示为 f 的多项式函数形式，从而求出不含 f 的系数

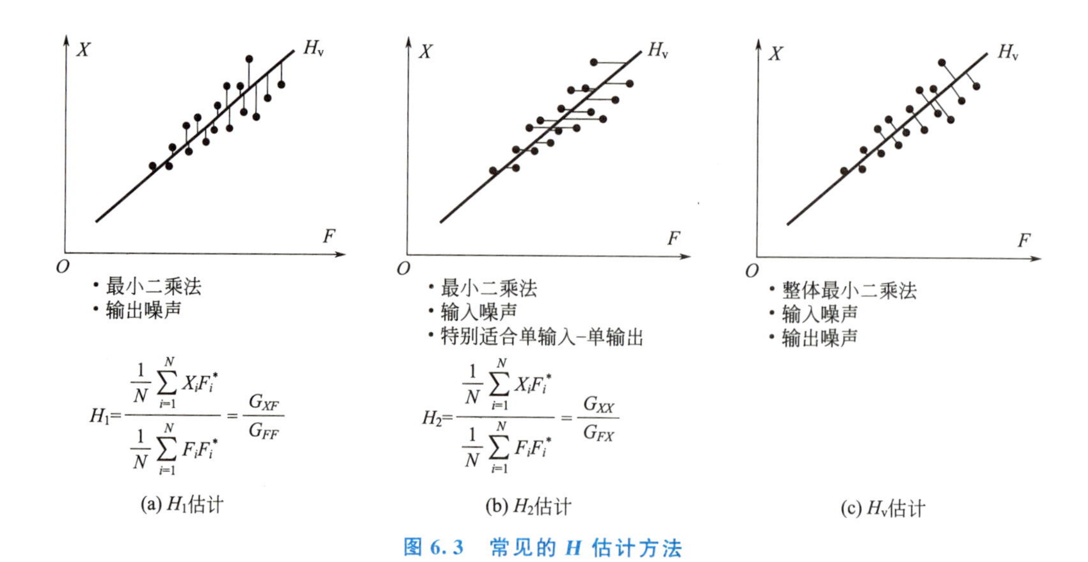

(a) H_1估计　　(b) H_2估计　　(c) H_v估计

图 6.3　常见的 *H* 估计方法

矩阵。将系数矩阵分解得到特征值和特征向量，即可换算得到系统极点与振型向量。最终将系统极点换算为模态频率与阻尼比。

依据最初展开的多项式阶数，可以将多次计算的结果在频域上描绘模态分析稳定图（图 6.4）。通常将连续几阶频率、阻尼比、振型均稳定（相差 5%以内）标记为 S 链，对应频响函数曲线峰值、模态指示函数极值。需要注意，阶数过高会产生虚假的稳定 S 点。

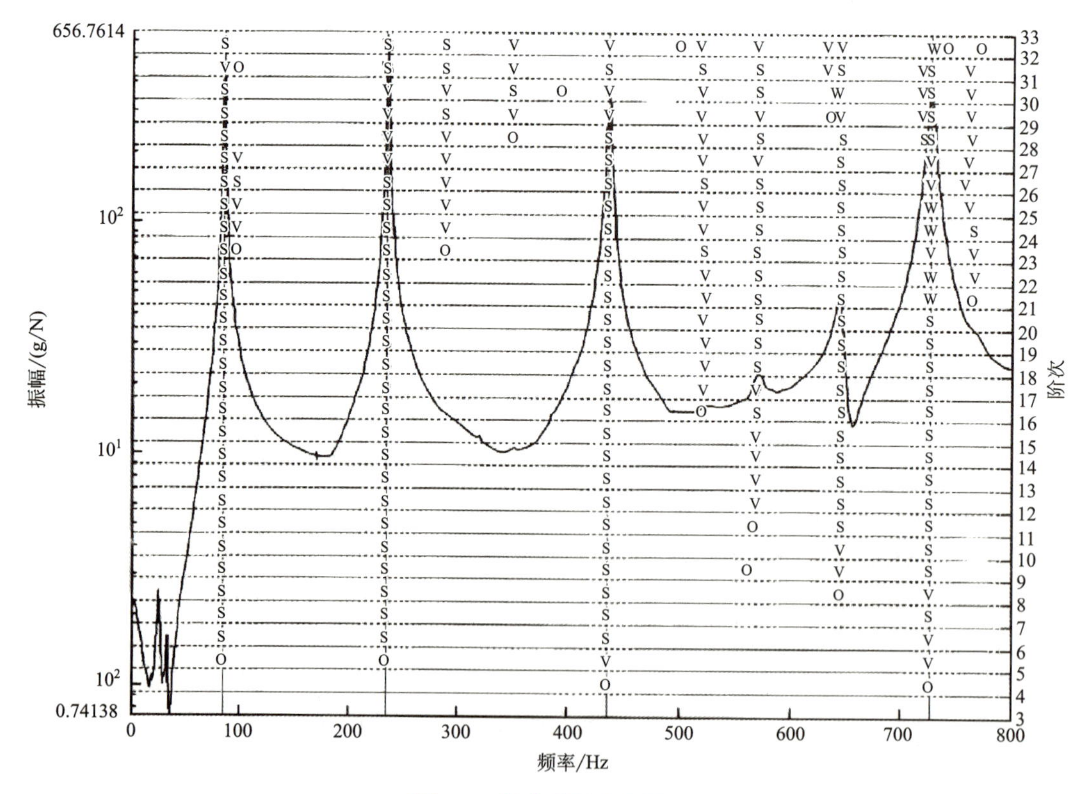

图 6.4　模态分析稳定图

6.1.5 模态验证理论

由于噪声干扰、计算误差等，实验得到的模态并不一定是真实的，因此通常与仿真结果对比来查看频率是否相近、振型是否相似。

采用模态确认标准（MAC）考虑模态的正交性，同一阶模态相似度很高（一般要求在90%以上），而不同阶的模态应没有相似性（一般要求20%以下）。逐一计算每一阶模态振型的MAC，得到MAC矩阵；对于50%左右的相似度，则剔除相关模态重新计算。

也有更简单的方法，即直接选择前几阶模态施加系统激励，采用模态叠加法计算系统响应，将计算得到的系统响应与实验测得的系统响应进行对比。

6.2 模态分析理论的工程应用

模态分析理论作为结构动力学的一个重要分支，专注于研究结构的自由振动特性，包括固有频率、振型和阻尼比等。在结构健康监测和故障诊断领域，模态分析理论因其能够提供关于结构动态行为的深入洞察而变得至关重要。随着“工业 4.0”时代的到来，对结构健康状态的实时监测和故障早期预警的需求日益增长，模态分析理论因其独特的诊断价值而受到前所未有的关注。模态分析理论在多个领域有广泛的应用。

（1）结构健康监测：通过监测结构模态参数的变化，识别结构损伤，如裂纹、腐蚀或松动等，实现结构的早期预警和使用寿命预测。

（2）故障诊断：分析振动信号，识别机械系统的故障源，如轴承磨损、齿轮损坏或不平衡等。

（3）设计优化：在产品开发阶段，通过模态分析理论优化结构设计，避免共振，提高结构的动力学特性。

（4）性能验证：验证结构的实际动态特性是否符合设计预期，确保结构在特定工况下的安全性和可靠性。

（5）噪声与振动控制：识别噪声源和振动源，优化结构布局和材料，减少噪声和振动对环境和使用者的影响。

（6）结构动力学研究：为结构动力学的理论模型提供实验数据，验证理论模型的准确性，促进动力学理论的发展。

（7）逆向工程：通过模态分析理论了解未知结构的动力学特性，进行逆向设计和仿制。

6.2.1 故障诊断

模态分析理论在故障诊断中的应用原理基于结构动力学特性参数的变化。在健康状态下，结构的模态参数是稳定的，这些参数包括固有频率、振型和阻尼比，它们反映了结构的动力学特性。然而，当结构出现损伤（如裂纹、腐蚀、松动或材料性能退化等）时，结构的刚度、质量和阻尼特性会发生变化，进而导致固有频率、振型或阻尼比的改变。通过对比分析结构在不同状态下的模态参数，可以识别结构损伤的存在、位置及损伤程度，从而实现故障的早期预警和定位。

通过监测固有频率、振型和阻尼比等参数，可以实现结构损伤的早期检测和评估。固有频率的变化是最直接反映损伤的指标。当结构局部出现损伤（如裂纹或材料退化）时，局部刚度降低，固有频率随之下降。相反，当结构增加了额外质量或刚度时，固有频率可能上升。因此，监测固有频率是早期损伤探测的有效手段。振型描述了结构在某一固有频率下的振动形态。结构损伤会改变结构的刚度和质量分布，从而影响振型。损伤处的振型变化通常表现为振幅减小或振型扭曲，这为定位损伤提供了线索。阻尼比反映了能量在振动过程中的耗散程度。结构损伤（尤其是摩擦和黏滞性损伤）会增加阻尼，导致阻尼比增大。阻尼比的变化对于检测结构内部的微小损伤尤为敏感。

案例 1：座椅调节部件的故障诊断

图 6.5 所示为座椅骨架，其含有多个调节座椅位置的机械部件，安装问题或零部件质量问题等都会造成座椅出现异响，用户目前采用人耳听的方法来判断异响情况。本项目通过采集故障座椅调节机构的振动信号分析不同故障情况下振动信号的特点，得到座椅机械调节部件异响情况的判断标准，为后续座椅调节部件的故障诊断提供数据支持。

图 6.5 座椅骨架

实验对象分为正常件和故障件，传感器分两个位置安装，一个在骨架侧板上（座椅升降电动机附近），另一个在座椅升降电动机上。

实验过程：座椅调整到最高位置处，人坐到座椅上后开始采集数据。座椅先降到最低点，然后升至最高点，来回进行 5～6 个循环。

由于在座椅升降过程中，传感器在 X 方向和 Z 方向随座椅变换，因此为了对比方便，分析数据时采用 Y 方向的振动数据来分析。

图 6.6 和图 6.7 所示分别为侧板振动测试数据比较和电动机振动测试数据比较。由图

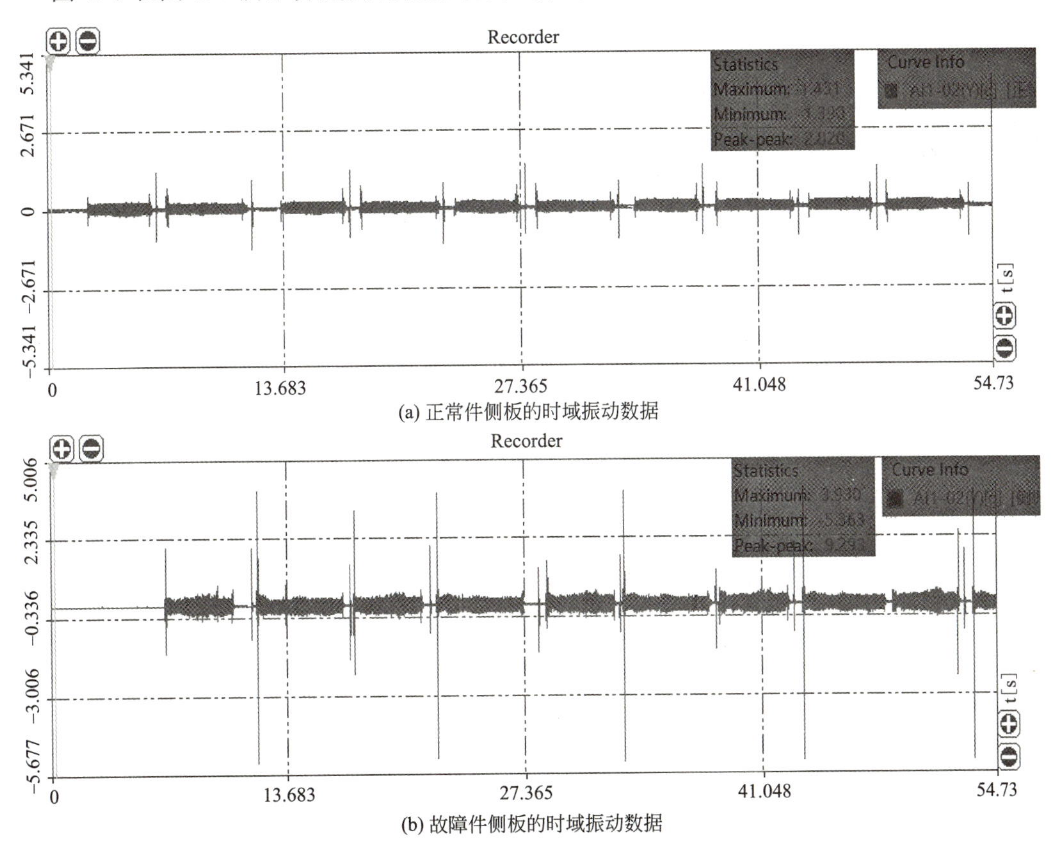

(a) 正常件侧板的时域振动数据

(b) 故障件侧板的时域振动数据

图 6.6 侧板振动测试数据比较

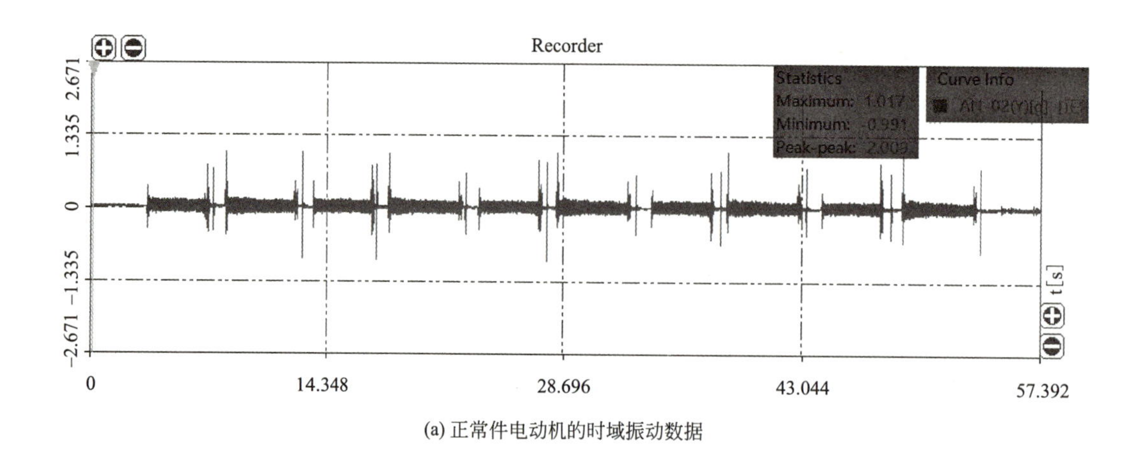

(a) 正常件电动机的时域振动数据

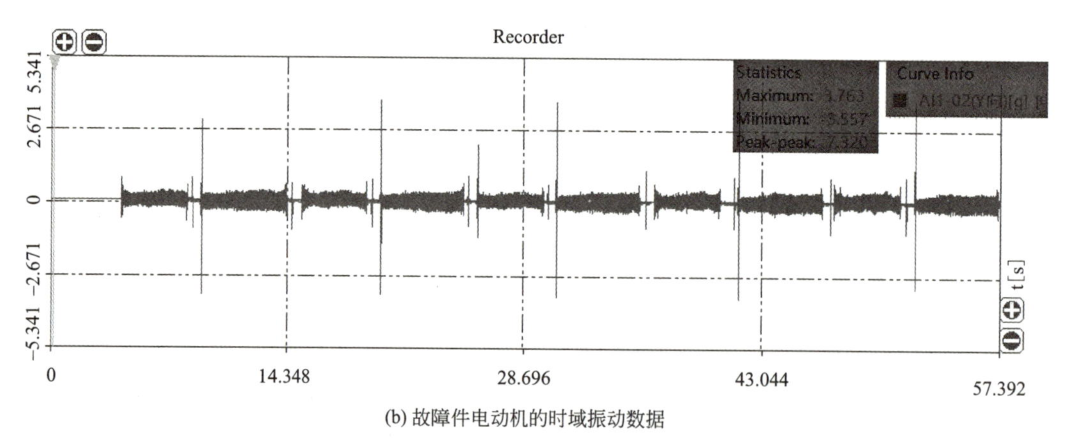

(b) 故障件电动机的时域振动数据

图 6.7 电动机振动测试数据比较

可见，故障件振动加速度峰值明显放大。

6.2.2 结构声学和噪声控制

在结构声学和噪声控制领域，模态分析理论与技术被广泛应用，它不仅有助于理解结构的声学行为，而且为噪声的源识别、传递路径分析及控制策略的开发提供了强有力的工具。模态分析理论在结构声学和噪声控制领域的应用原理基于结构振动与声波相互作用的理论，通过计算或实验测量得到的结构模态参数可以用于预测和分析结构声学行为，为噪声控制提供理论基础。近年来，随着多物理场耦合分析、实时监测技术、数据驱动方法等的引入，模态分析理论在结构声学和噪声控制中的应用不断深化，提高了噪声控制的准确性和效率。

1. 结构声学中的模态分析理论

在结构声学领域，模态分析理论被用来研究结构振动与声波之间的相互作用。当结构受到激励（如机械振动、气动激励等）时，其振动会以特定的模态形式产生声辐射，形成结构声。模态分析理论通过计算或实验测量结构的固有频率和振型来预测和分析结构在不同频率下的声辐射特性，进而为噪声控制提供依据。

2. 噪声控制中的模态分析理论

在噪声控制领域，模态分析理论主要用于噪声源识别、传递路径分析和控制策略开发。模态分析理论可以识别出噪声的主要来源，分析噪声的传播路径，以及预测不同控制措施的效果。例如，在车辆噪声控制中，模态分析理论可以识别出发动机、轮胎、车身等不同部件的振动模态，分析其对车内噪声的贡献，从而针对性地采取吸声、隔声或减振措施。

案例 2：发动机噪声控制

工况：发动机最高转速，回转 90°模拟挖掘，测试驾驶室噪声及外场噪声，座椅导轨和驾驶员脚踏板振动加速度。

振动传感器位置：座椅导轨下为测点 1 和测点 2；驾驶员脚踏板为测点 3 和测点 4。

声传感器位置：外场测点分别为 5、6、7；驾驶员右耳旁为测点 8；声强探头位置为测点 9 和测点 10。

测试现场测点 5～10 布置如图 6.8 所示。

图 6.8 测试现场测点 5～10 布置

测点 1～4 的 Z 方向振动加速度的时域信号和频域信号如图 6.9 所示。

测点 5～8 的噪声时域波形如图 6.10 所示。

测点 5～8 的 1/3 倍频程测试结果见表 6－1。

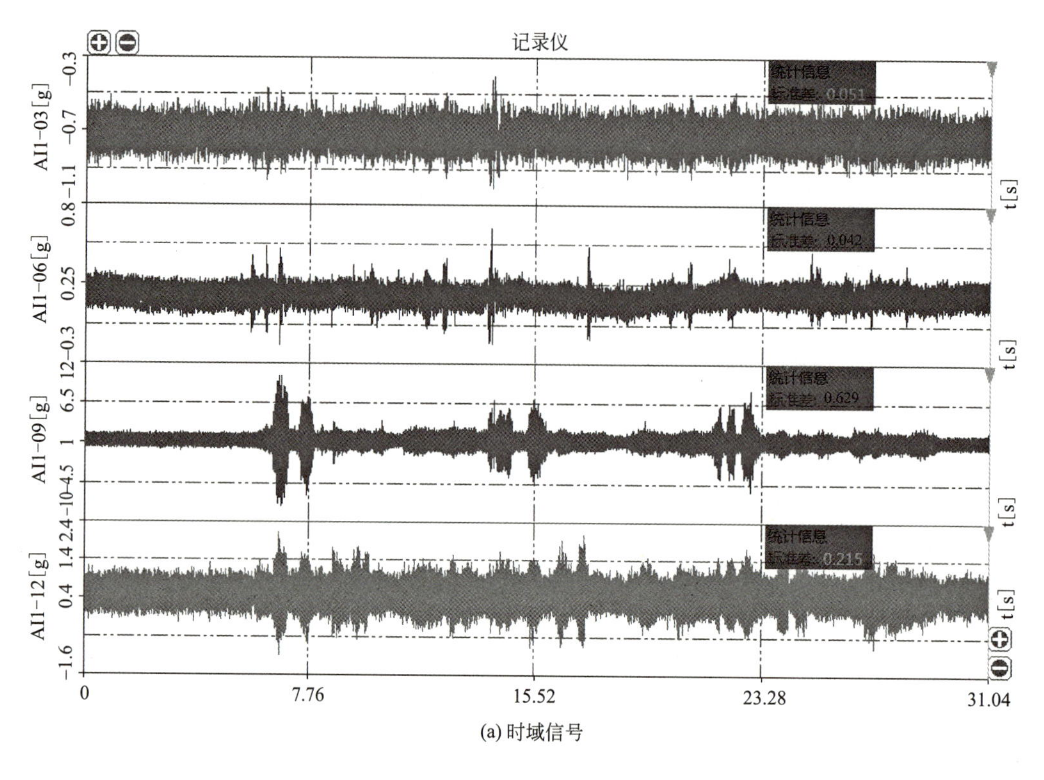

(a) 时域信号

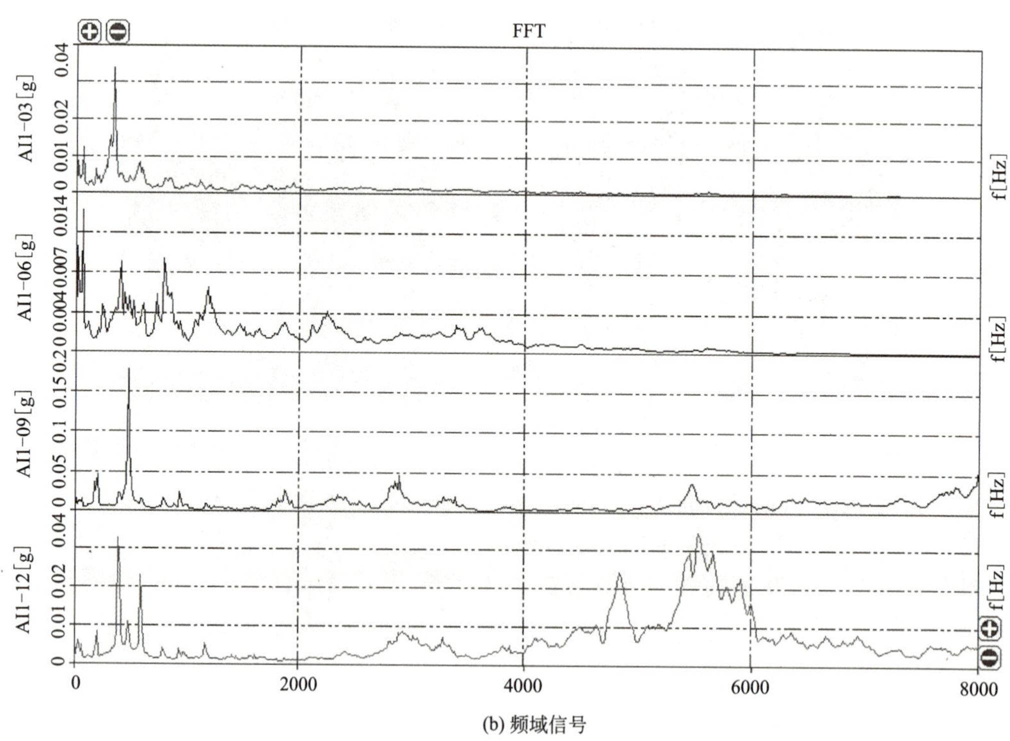

(b) 频域信号

图 6.9　测点 1~4 的 Z 方向振动加速度的时域信号和频域信号

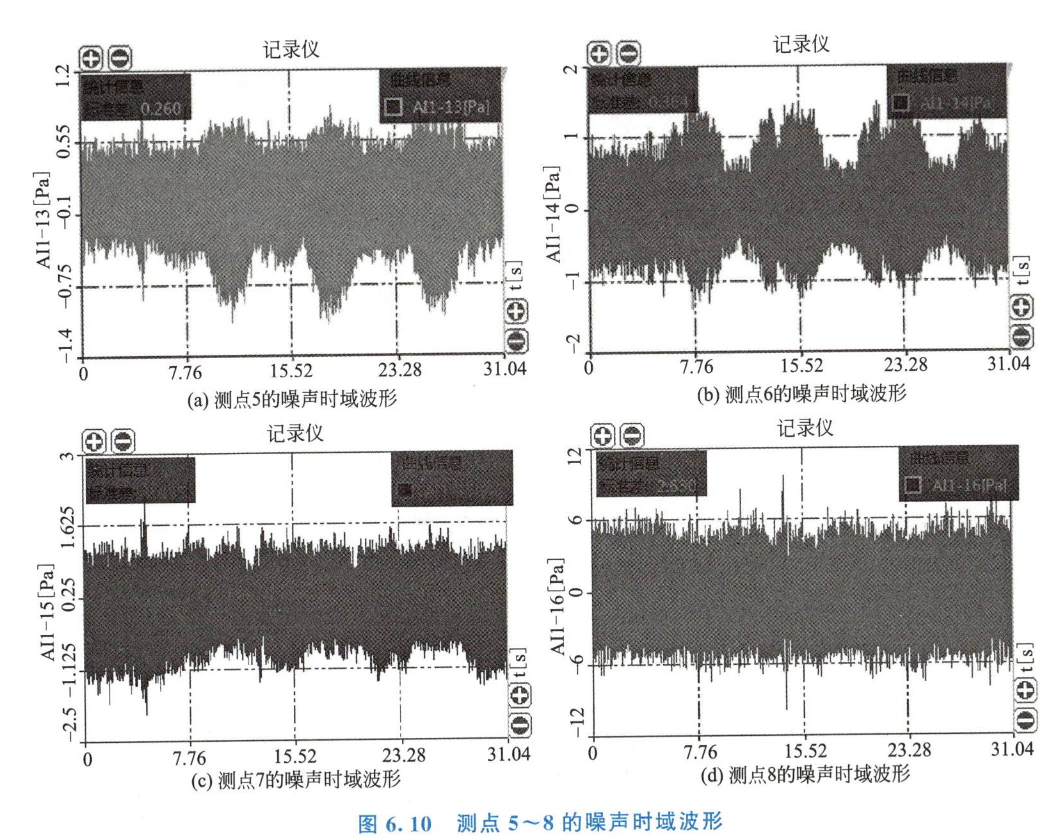

图 6.10 测点 5～8 的噪声时域波形

表 6-1 测点 5～8 的 1/3 倍频程测试结果

测点	声压级（dB）
5	70
6	74
7	75
8	85

从频域信号可以看出，振动信号的频率主要是中低频，座椅导轨的振动信号的频率主要在 200Hz 以下，驾驶员右侧脚踏板的振动信号除有 1000Hz 以下的频率外，还有 4000Hz 以上的频率。

从噪声测量的结果来看，驾驶室噪声约为 84dB，外场噪声约为 70dB。驾驶室噪声大于外场噪声。从频谱能量来看，外场噪声主要分布在中频，可能是空气噪声引起的，驾驶室噪声主要分布在低频，可能是结构噪声引起的。

从驾驶室噪声测试及分析来看，1/3 倍频程的声压级达到 110dB 左右；同时，从能量分布来看，低频的振动比较大，结构振动引起的噪声可能是主要原因。驾驶员脚踏板的振动比座椅导轨的振动大，驾驶员左侧脚踏板的振动大于右侧脚踏板的振动。

6.2.3 结构动力学研究

结构动力学作为工程科学的重要分支，专注于研究结构在动态载荷作用下的响应特性，包括振动、变形和应力分布等。模态分析理论作为结构动力学的核心工具，通过识别结构的固有频率、振型和阻尼比等模态参数，为理解结构动态行为、预测结构响应、优化设计和维护策略提供了关键信息。结构动力学的模态分析理论基于结构的自由振动特性，通过识别固有频率、振型和阻尼比等模态参数，可理解结构动态行为、预测结构响应。近年来，随着实验技术、数值模拟、智能算法和多物理场耦合分析的不断进步，模态分析理论在结构动力学领域的应用不断深化，提高了结构设计的效率和安全性。

案例 3：汽轮机叶片的结构动力学研究

对于新开发的汽轮机叶片，特别是采用阻尼凸台拉筋和自带围带结构形式的汽轮机叶片，其通过旋转时自身产生的旋转恢复角实现叶片与叶片之间的制约，从而形成整圈阻尼。在工作中它不仅承受离心力等静载荷作用，还受到蒸汽力等各种复杂的随时间变化的交变激振力的作用。若激振力频率与叶片组的固有频率合拍，则会引起叶片共振，使叶片振动应力较大。因此设计叶片需要掌握叶片的动力学特性。下面为汽轮机叶片动力学特性测试实例，汽轮机叶片测点布置如图 6.11 所示。

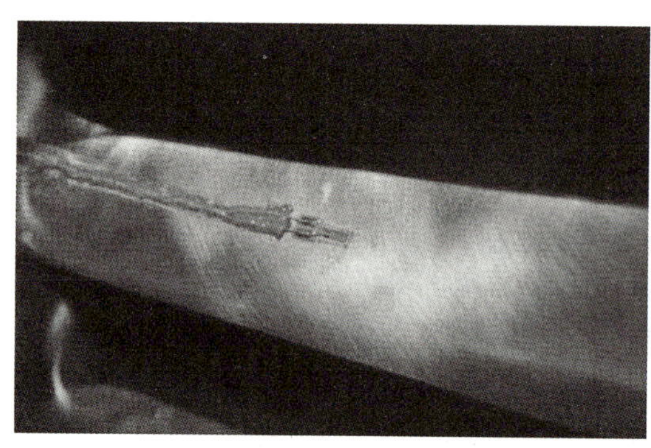

(a) 汽轮机叶片中部测点

(b) 汽轮机叶片根部测点

图 6.11 汽轮机叶片测点布置

实验的具体步骤如下。

(1) 转子低速动平衡：①记录在低于临界转速 30%（约 500r/min）稳态的振动值和相应转速 n_0；②停机后在转子校正面上配置一组一阶振型试重；③将转子转速重新升至 n_0，在相同工况下记录稳态的振动值；④由上述测量值之间的矢量变化计算一阶校正量的大小和角度位置，按计算结果在校正面上施加校正质量组，并开机验证；⑤要求转子的剩余不平衡量小于 G1 级。

(2) 转子高速动平衡：①使实验转子振动在测试工作转速（如 2000～3000r/min）范围内小于 2mm/s；②升速实验过程的转速为 80～100r/min，降速实验过程的转速为 60～80r/min；③未激振时真空仓的压力控制在 0.5kPa 内，激振时空仓的压力控制在 2kPa；④真空仓内最高温度应低于 85℃，如果压力过高或温度过高，则采取停止激振或降低实验转速等措施。

(3) 第一次升降速：①完成数据记录注释文件，注明实验状态、测点与对应通道号；

②开机升速，仪器开始监测，升速至500r/min，检查测试系统，测试系统正常方可开始记录数据并进行升速实验。如一切正常则平稳升速至测试工作转速（3000r/min），停留1min同时记录真空仓内温度、摆架振动等数据；③开始降速，同时打开压缩空气阀门，根据要求完成激振范围（如2000～3000r/min）内的激振测试，同时注意观察真空仓内温度和压力情况。当转速下降至激振转速下限（如2000r/min）时，关闭压缩空气阀门，继续降速至约500r/min停止数据记录，保存降速过程中测试数据；④降速停机，检查采集数据，初步给出叶片共振频率与共振转速测量值，决定是否需要修改激振转速范围，准备第二次激振实验。

（4）根据第一次实验数据调整测试转速及激振范围，进行第二次实验，按第（3）步重复进行即可。

图6.12所示为实验的时域曲线。由实验数据曲线可知，转子运行工况下无明显峰值，不会发生共振，结构动力学设计符合要求。

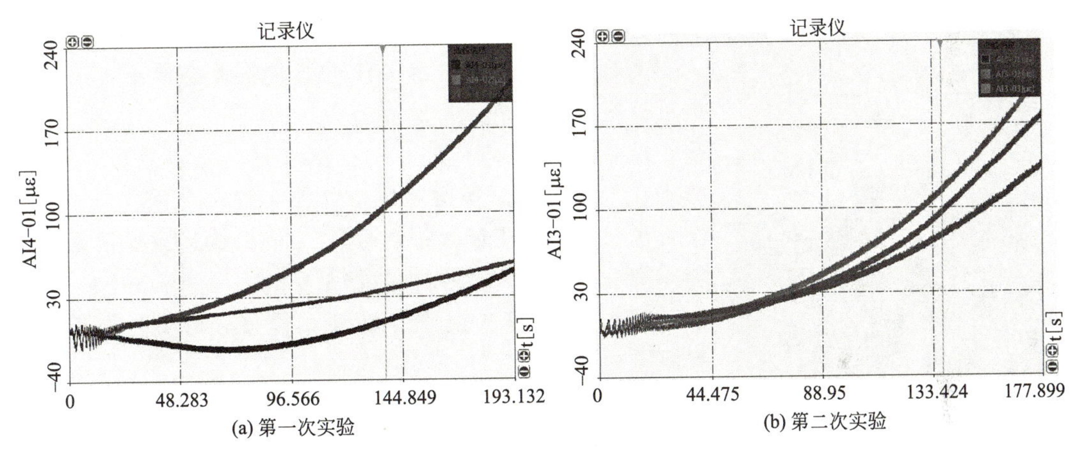

图6.12 实验的时域曲线

6.2.4 桥梁和建筑物

桥梁和建筑物作为城市基础设施的重要组成部分，承载着巨大的社会责任和经济价值。随着城市化进程的加速和自然灾害的频发，确保这些结构的安全性和耐久性成为工程界的紧迫任务。模态分析理论利用结构固有频率、振型和阻尼比等模态参数，为桥梁和建筑物的设计、监测、维护和修复提供关键信息。模态分析理论适用于桥梁和建筑的关键在于获得结构的固有频率、振型及阻尼比等模态参数，评估结构的动力学特性，预测其在不同条件下的响应。近期，得益于实验技术、数值模拟技术、智能算法及多物理场耦合分析的迅速发展，模态分析理论在桥梁和建筑物领域的应用日益深入，这不仅提升了结构设计工作的效率，也增强了结构的安全性。

1. 桥梁结构的模态分析理论

桥梁结构的模态分析理论主要用于评估其动力学特性，包括结构固有频率、振型和阻尼比等，这对预测桥梁在风载、地震、车辆通行等动态载荷下的响应至关重要。模态分析可以识别桥梁的弱点，预测潜在的振动模式，为桥梁的设计优化、健康监测和维护策略提供依据。

2. 建筑结构的模态分析理论

在建筑结构中，模态分析理论同样扮演着重要角色，特别是在高层建筑、大跨度结构和特殊用途建筑中。模态分析能够预测建筑在风、地震等自然载荷下的动态响应，评估结构的安全性和舒适性。模态分析固有频率和振型可以优化建筑设计，避免共振风险，提高建筑的抗震能力和风稳定性。

案例 4：北盘江大桥的模态分析

北盘江大桥是杭瑞高速毕都段的控制性工程，位于贵州省六盘水市都格镇和云南省宣威市普立乡腊龙村的交界处，由云贵两省合作共建。北盘江大桥全长为 1341.4m，最大跨径为 720m，桥面到江面垂直距离为 565.4m，是目前世界第一高桥。

桥梁建成通车前，必须进行模态分析实验，以确保共振频率避开环境激励（气象、微地震、行车载荷等）。此后按监管要求进行复核，如果发现模态参数有显著改变，则预示桥梁结构将发生重大变化。

图 6.13　桥梁模态分析实验现场

实验分两天完成，第一天进行主桥模态分析，第二天进行桥塔模态分析。将最大跨径 16 等分，两个边跨 12 等分，总共 82 个测点，分 9 个批次做完；桥塔共 8 个测点，分别在上横梁和下横梁对称位置各布置 2 台采集器，分 4 个批次做完。由于最大跨径达到 720m，振动频率很低，采样频率选用 20Hz，每批次数据采集时间为 30min。

图 6.13 和图 6.14 分别为桥梁模态分析实验现场和桥梁测点分布。

实验数据经分析计算，得到桥梁模态分析实验的振型图，如图 6.15 所示。

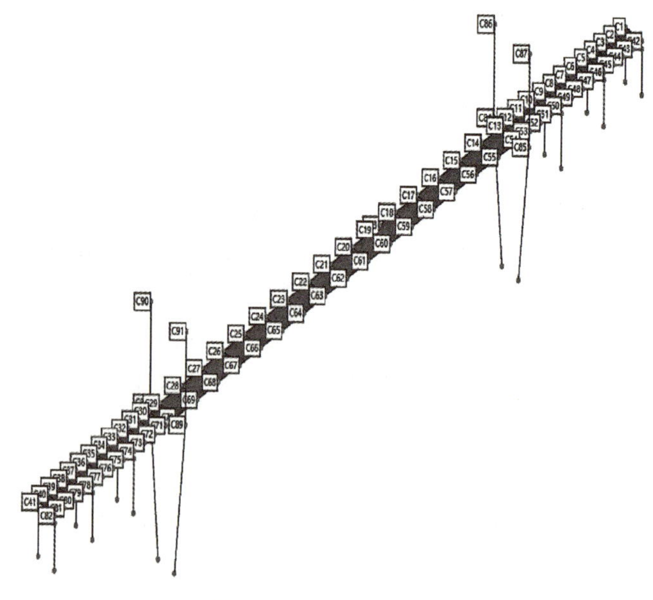

图 6.14　桥梁测点分布

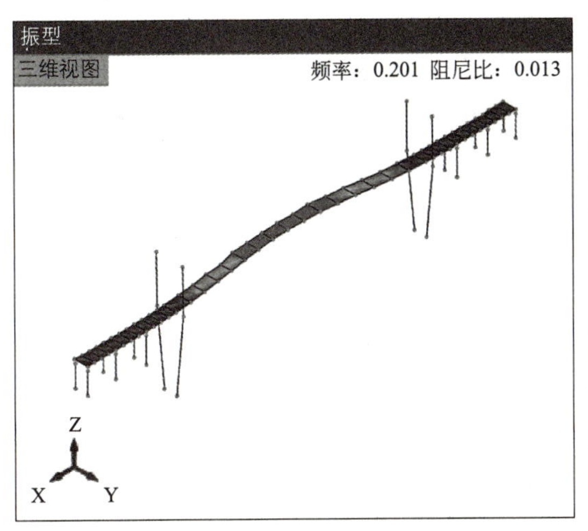

(a) 第1阶侧弯振型图

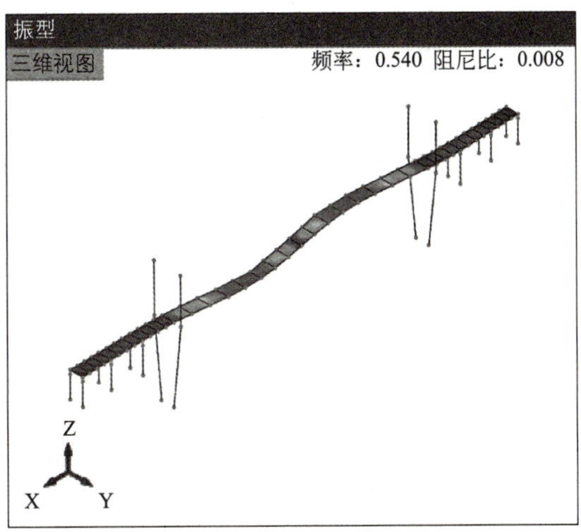

(b) 第2阶侧弯振型图

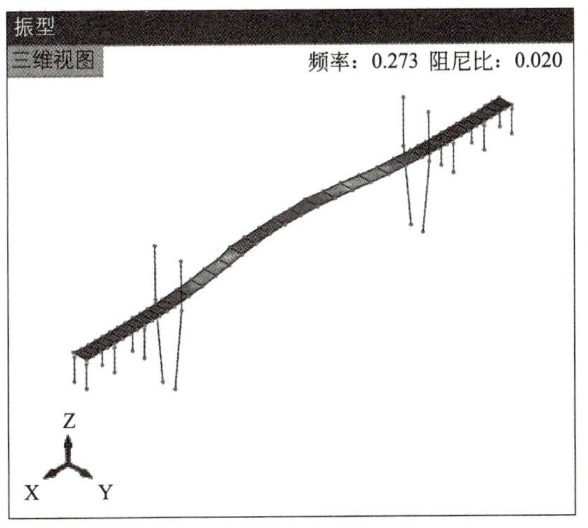

(c) 第1阶竖弯振型图

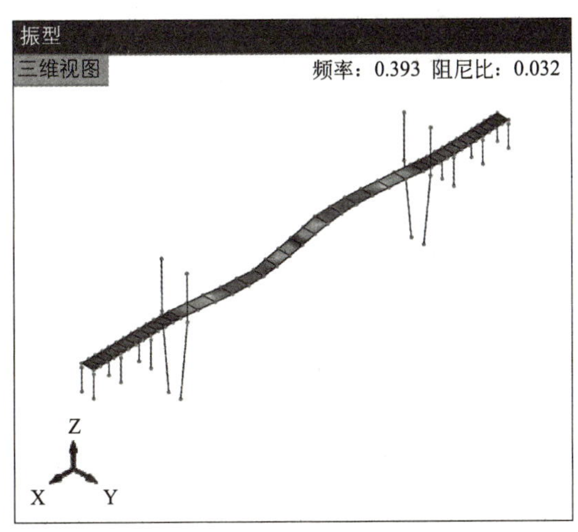

(d) 第2阶竖弯振型图

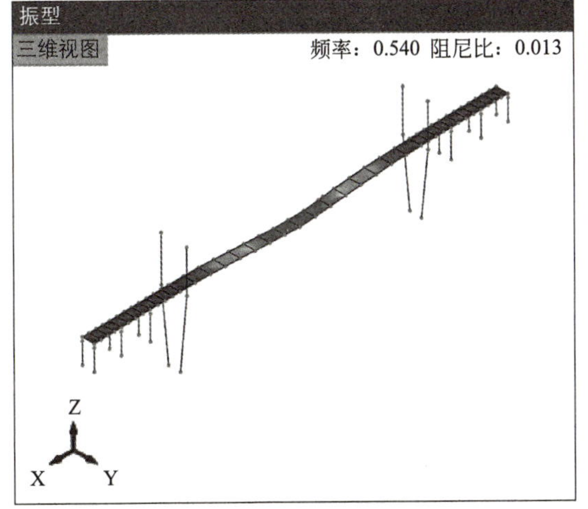

(e) 第1阶扭转振型图

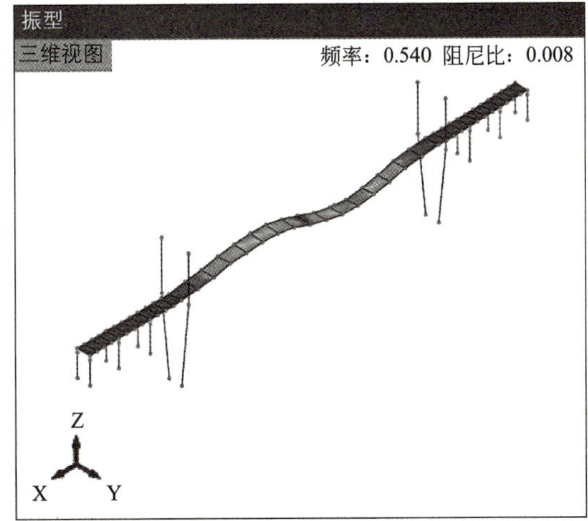

(f) 第2阶扭转振型图

图 6.15　桥梁模态分析实验的振型图

6.2.5 汽车工业

汽车工业作为全球制造业的重要组成部分，一直致力于提升车辆性能、降低能耗、提高安全性和舒适性。在这个过程中，模态分析理论作为一种关键的工程工具，被广泛应用于汽车设计、测试和优化等环节。模态分析通过研究结构的自由振动特性（包括固有频率、振型和阻尼比）为汽车的振动噪声控制、碰撞安全分析、动力系统优化等提供了重要的理论支持。模态分析理论在汽车工业的应用原理基于结构振动理论，通过计算或实验测量汽车结构的模态参数，可以预测和分析汽车的振动噪声特性，为汽车设计的优化提供理论基础。近年来，随着多物理场耦合分析、实时监测技术、数据驱动方法等的引入，模态分析理论在汽车工业的应用不断深化，提高了汽车设计的效率，降低了 NVH（噪声、振动及不平顺性）。随着新能源汽车、自动驾驶汽车等的普及，模态分析理论将在汽车工业中扮演更加重要的角色，助力汽车行业的技术创新和可持续发展。

1. 振动噪声控制

在汽车设计领域，振动和噪声是影响驾驶体验和乘坐舒适性的关键因素。模态分析能够预测和分析汽车结构在不同激振下的振动响应，包括发动机振动、路面冲击等，通过识别和优化关键模态参数，可以有效降低车辆 NVH。例如，通过模态分析预测车身的固有频率和振型，可以避免与发动机的激振频率产生共振，减少车厢内的低频轰鸣声。

2. 碰撞安全分析

在碰撞安全领域，模态分析用于评估汽车结构的动态响应，预测碰撞时的能量吸收和变形模式。通过分析车辆在不同碰撞工况下的模态特性，可以优化车身结构，提高驾驶稳定性，减少碰撞时的乘员伤害。例如，通过模态分析确定车架和车身面板的固有频率和振型，可以设计出更合理的吸能区，以实现能量的分散和吸收，提高碰撞安全性。

3. 动力系统优化

在动力总成领域，模态分析用于分析发动机、变速器、传动轴等动力系统的振动特性，预测和控制动力总成的振动噪声。通过模态分析，可以识别出动力总成的共振频率，优化设计参数，避免与车身结构产生耦合振动，降低发动机舱和车厢内的噪声水平，提升驾驶舒适性。

案例 5：汽车车架的模态分析

在汽车设计过程中，通常需要进行多次模态分析。此项目为原型分析，通过采集、处理和分析实验数据，得到车架的各阶模态固有频率、模态振型及模态阻尼比，为进一步研究车架结构的优化设计提供实验依据。后续样车成型后，需再次进行模态分析，以确认汽车的结构动力学特性。图 6.16 所示为模态分析所用汽车车架的实物。

用测力法（单点激励、多点响应）进行实验。考虑传感器质量问题，放太多传感器会影响车架的质量分布，从而影响最终实验结果。实验中每组仅放置 6 个传感器，分别接至数据采集装置的第 1～6 通道，第 7 通道接力传感器。图 6.17 所示为汽车车架的测点分布。

图 6.16　模态分析所用汽车车架的实物

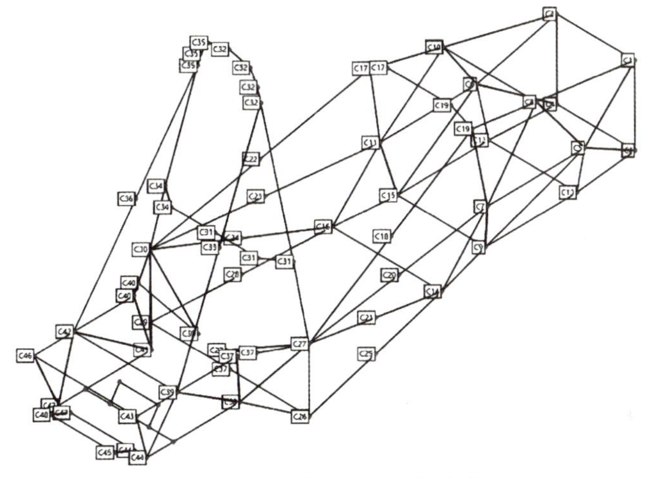

图 6.17　汽车车架的测点分布

实验结果经处理后，得到频响函数和相干函数的测试结果（图 6.18）及汽车车架的模态分析实验结果（图 6.19）。

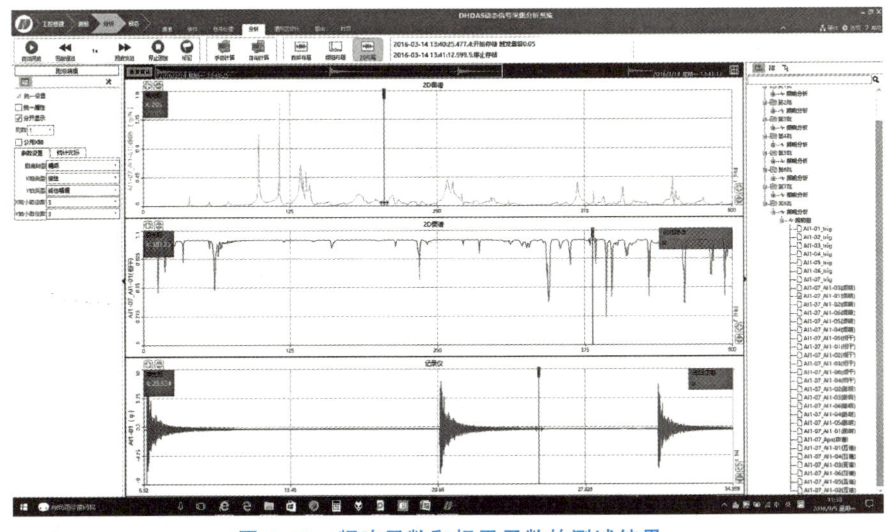

图 6.18　频响函数和相干函数的测试结果

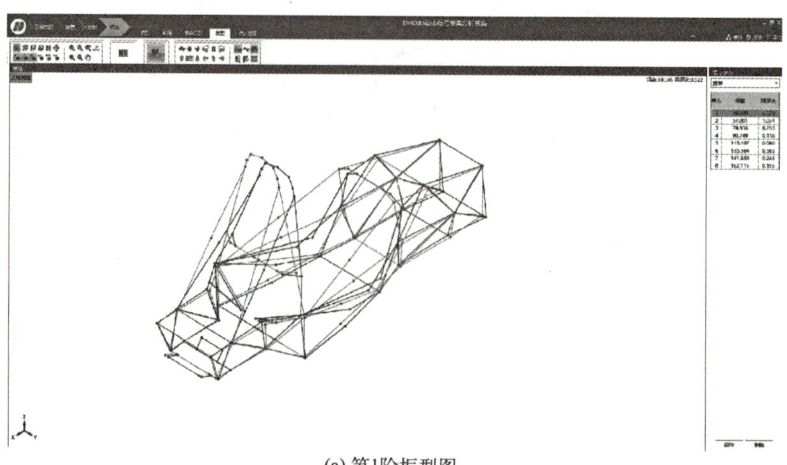

(a) 第1阶振型图

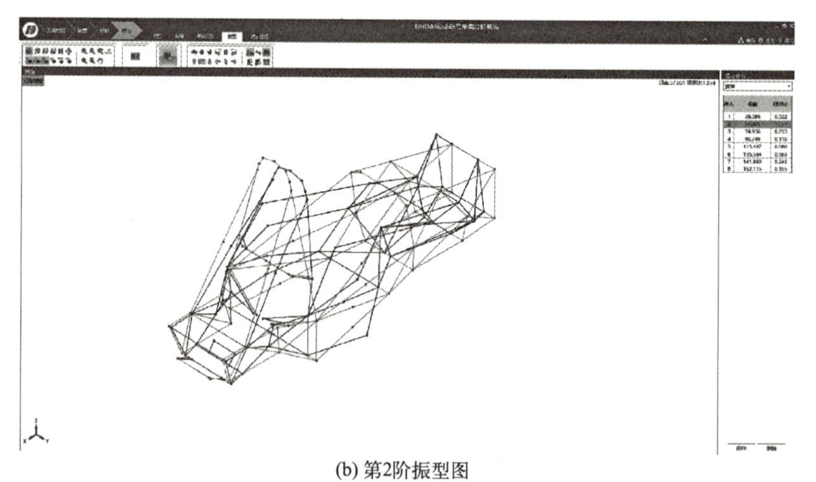

(b) 第2阶振型图

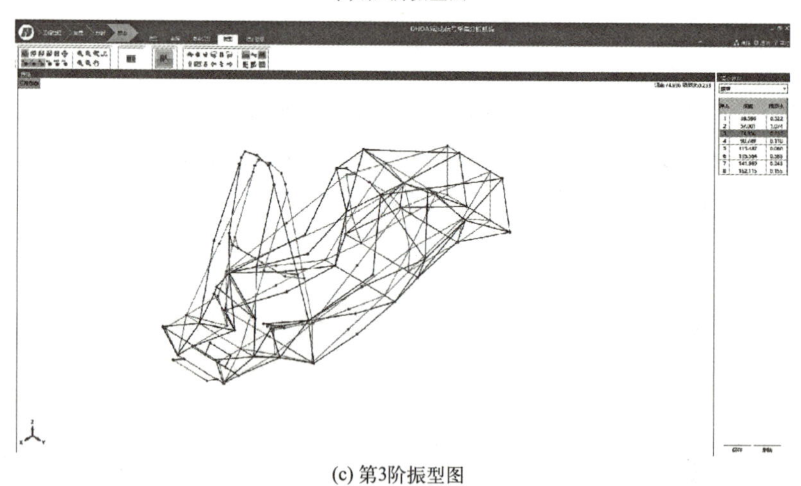

(c) 第3阶振型图

图 6.19　汽车车架的模态分析实验结果

本章总结

本章介绍了模态分析理论及其工程应用。

模态分析理论是研究结构动力学特性的重要工具，它通过对结构自由振动特性的分析来揭示其内在规律。线性模态分析理论适用于大多数工程结构，能够提供关于结构固有频率、振型和阻尼比等关键模态参数；而非线性模态分析理论用于处理含有非线性元件或大变形情况下的结构。无论是哪种模态分析理论，其核心都是建立正确的数学模型，并通过有效的算法求解所需的模态参数。随着科学技术的进步，模态分析理论不断得到丰富和完善，成为现代工程分析不可或缺的一部分。

模态分析理论不仅在理论上有着深远的意义，而且在工程应用中发挥着不可替代的作用。通过对结构模态特性的深入研究，工程师可以更好地理解结构的行为模式，从而采取适当的措施来保障结构的安全性和可靠性。无论是在新建项目的前期规划阶段还是现有设施的后期运营和维护过程中，模态分析理论都为工程师提供了强有力的技术支撑。随着模态分析理论的不断发展和完善，其应用场景将更加广泛，为人类社会创造更大的价值。

习　　题

一、多选题

6－1　以下属于模态分析理论的工程应用的有（　　）。

A. 结构动力学分析

B. 故障诊断

C. 结构优化

D. 振动控制

E. 环境测试

6－2　模态分析用于故障诊断中的损伤指标有（　　）。

A. 固有频率

B. 振型

C. 阻尼比

D. 刚度

二、简答题

6－3　什么是模态分析？

6－4　简述模态分析的具体过程。

6－5　什么是 H 估计方法？参数识别理论中的 H 估计方法有哪三种？说明其含义和用途。

6－6　为什么模态分析可以用于故障诊断？

三、综述题

6－7　选择模态分析理论的某一工程应用，调研相关文献，写一篇国内外研究进展的相关综述。

四、应用题

6－8　某摇臂构件中存在裂纹缺陷，现要求使用模态分析研究如何对其中的裂纹缺陷进行定量检测，通过 ANSYS Workbench 仿真计算确定，检测精度的影响因素，设计出能确定摇臂构件损伤的合理检测方案。

构件参数：弹性模量 $E=3.3\times10^4$ MPa；泊松比 $\nu=0.2$；密度 $\rho=2.6\text{g/cm}^3$。

摇臂构件尺寸如图 6.20 所示。

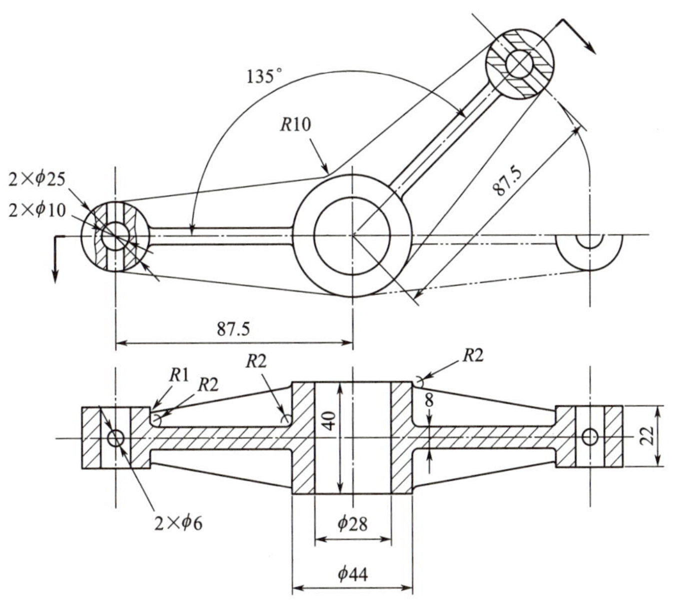

图 6.20 摇臂构件尺寸

附录 1

振动台模态分析实训报告模板

一、实训目的

二、系统组成

三、实验原理

1. 模态分析和参数识别原理
2. 模态分析方法和测试过程

四、实训内容

（一）搭建振动台测试系统及仪器调试

1. 实验目的
2. 实验步骤

（二）锤击法简支梁模态测试

1. 实验目的
2. 实验仪器安装
3. 实验步骤
4. 实验结果和分析

（三）锤击法两端固定梁模态测试

1. 实验目的
2. 实验仪器安装
3. 实验步骤
4. 实验结果和分析

(四) 锤击法悬臂梁模态测试

1. 实验目的

2. 实验仪器安装

3. 实验步骤

4. 实验结果和分析

(五) 附加质量对系统固有频率的影响

1. 实验目的

2. 实验仪器安装

3. 实验原理

4. 实验步骤

5. 实验结果和分析

五、实训总结

附录2
转子实验台测试分析实训报告模板

一、实训目的

二、系统组成

三、实验原理

四、实训内容

（一）搭建转子台测试系统及仪器调试

1. 实验目的

2. 实验步骤

（二）转轴的径向振动测量

1. 实验目的

2. 实验原理

3. 实验步骤

4. 实验结果和分析

（三）旋转机械振动相位的检测

1. 实验目的

2. 实验原理

3. 实验步骤

4. 实验结果和分析

（四）转轴的临界转速测量

1. 实验目的

2. 实验原理

3. 实验步骤

4. 实验结果和分析

（五）转子不平衡的故障机理研究与诊断

1. 实验目的

2. 实验原理

3. 实验步骤

4. 实验结果和分析

五、实训总结

心得、体会、认识

附录3

常用材料性能列表

附表 1　常用材料弹性模量、切变模量及泊松比

材料	弹性模量 E/GPa	切变模量 G/GPa	泊松比 ν
灰铸铁	118～126	44.3	0.3
球墨铸铁	173	—	0.3
碳钢、镍铬钢	206	79.4	0.3
合金钢	—	—	—
铸钢	202	—	0.3
轧制纯铜	108	39.2	0.31～0.34
冷拔纯铜	127	48.0	—
轧制磷锡青铜	113	41.2	0.32～0.35
冷拔黄铜	89～97	34.3～36.3	0.32～0.42
轧制锰青铜	108	39.2	0.35
轧制铝	68	25.5～26.5	0.32～0.36
拔制铝线	69	—	—
铸铝青铜	103	11.1	0.3
铸锡青铜	103	—	0.3
硬铝合金	70	26.5	0.3
轧制锌	82	31.4	0.27

续表

材料	弹性模量 E/GPa	切变模量 G/GPa	泊松比 v
铅	16	6.8	0.42
玻璃	55	1.96	0.25
有机玻璃	2.35～29.42	—	—
橡胶	0.0078	—	0.47
电木	1.96～2.94	0.69～2.06	0.35～0.38
夹布酚醛塑料	3.92～8.83	—	—
硝酸纤维素塑料（赛璐珞）	1.71～1.89	0.69～0.98	0.4
尼龙-100	1.07	—	—
硬聚氯乙烯	3.14～3.92	—	0.34～0.35
聚四氯乙烯	1.14～1.42	—	—
低压聚氯乙烯	0.54～0.75	—	—
高压聚氯乙烯	0.147～0.245	—	—
混凝土	13.73～39.2	4.9～15.69	0.1～0.18

附表2　常用材料密度

材料	密度/($g\cdot cm^{-3}$)	材料	密度/($g\cdot cm^{-3}$)	材料	密度/($g\cdot cm^{-3}$)
灰铸铁	7.25	锌铝合金	6.3～6.9	工业用毛毡	0.3
白口铸铁	7.55	铝镍合金	2.7	纤维蛇纹石（硅酸镁矿物）	2.2～2.4
可锻铸铁	7.3	软木	0.1～0.4	角闪石石棉（铁镁角闪石）	3.2～3.3
工业铸铁	7.87	胶合板	0.56	工业橡胶	1.3～1.8
铸钢	7.8	竹材	0.9	平胶板	1.6～1.8
钢材	7.85	木炭	0.3～0.5	皮革	0.4～1.2
高速钢	8.3～8.7	石墨	2～2.2	有机玻璃	1.18～1.19
不锈钢、合金钢	7.9	石膏	2.2～2.4	泡沫塑料	0.2
硬质合金	14.8	凝固水泥块	3.05～3.15	玻璃钢	1.4～2.1

续表

材料	密度/(g·cm^{-3})	材料	密度/(g·cm^{-3})	材料	密度/(g·cm^{-3})
硅钢片	7.55～7.8	混凝土	1.8～2.45	尼龙	1.04～1.15
纯铜	8.9	硅藻土	2.2	ABS 树脂	1.02～1.08
黄铜	8.4～8.85	普通黏土砖	1.7	石棉板	1～1.3
铝	2.7	黏土耐火砖	2.1	酒精	0.8
锡	7.29	石英	2.5	汽油	0.66～0.75
钛	4.51	大理石	2.6～2.7	煤油	0.78～0.82
金	19.32	石灰石	2.6	柴油	0.83
银	10.5	花岗岩	2.6～3		
镁	1.74	金刚石	3.5～3.6		

附录4

AI伴学内容及提示词

序号	AI伴学内容	提示词
1	AI伴学工具	生成式人工智能工具，如 DeepSeek、Kimi、豆包、通义千问、文心一言、ChatGPT 等
2	第1章 绪论	举例说明进行机械测控系统实训的必要性和重要性
3		机械测控技术实训课程包含哪些内容？主要教学目的是什么？
4		机械测控实训课程的主要要求有哪些？
5		机械测控实训课程的包含哪些模块？各包含哪些实训内容？
6		进行实训时有哪些重要的安全注意事项？
7		AI在测试技术方面的应用前景(3000字)
8	第2章 振动测试基础	振动测量系统的组成部分有哪些？各有什么作用？
9		举例介绍测振传感器的类型、性能指标及主要作用
10		涡流传感器的基本结构、工作原理及优缺点
11		光电式转速传感器的基本结构、工作原理及优缺点
12		磁电式速度传感器的基本结构、工作原理及优缺点
13		压电式加速度传感器的基本结构、工作原理及优缺点
14		力锤的基本结构、工作原理及优缺点
15		阻抗头的基本结构、工作原理及优缺点
16		超声波传感器的基本结构、工作原理及优缺点
17		举例说明传感器的选用原则有哪些
18		压电式加速度传感器的产品介绍
19		通过调研，列举压电式加速度传感器的型号、性能及其重要指标参数
20		振动测试如何与AI结合
21		出一套测振传感器的测试题

续表

序号	AI伴学内容	提示词
22	第3章 机械测控 系统实训	模态分析和参数识别的基本原理
23		构件固有频率、振型及阻尼比的测量方法
24		振动测试与控制实验系统的组成、安装和调整方法
25		激振器、传感器与数据采集装置的使用方法
26		机械结构模态分析的实验原理和实训内容
27		各机械结构模态分析实验的区别在哪里
28		使用机械结构模态分析的结果验证有限元分析仿真结果
29		转子实验台的振动测试分析的实验原理和实训内容
30		转轴径向振动测量的目的和测量方法
31		转子不平衡的故障机理是什么？如何进行故障诊断？
32		转子不平衡的故障诊断如何与AI结合
33		出一套模态分析的测试题
34	第4章 振动测试的 理论分析	有限元分析的原理及特点(2000字)
35		如何使用ANSYS Ubrkbench进行有限元分析(其他零件，5000字)
36		举例说明一种典型有限元分析软件的特点及有限元仿真方法(3000字)
37		使用有限元分析的结果对横梁缺陷进行定量检测的方法(3000字)
38		利用模态分析的损伤参数进行故障诊断的方法(5000字)
39		利用固有频率的变化对损伤进行定性的方法(3000字)
40		机床主轴模态分析的仿真方法(3000字)
41		模态分析如何与AI结合
42		出一套模态分析的测试题
43	第5章 创新拓展案例	基于电涡流位移传感器的测距方法研究(5000字)
44		一发一收式涡流测厚系统设计(5000字)
45		涡流探伤传感器的优化设计(5000字)
46		基于神经网络的缺陷定量方法研究(5000字)
47		传动轴构件的振动检测方案设计(5000字)
48		如何与AI结合进行创新设计(3000字)
49		根据工程实际，提出一项测控方面的相关研究课题(2000字)
50	第6章 模态分析理论 及其工程应用	模态分析的定义及理论
51		模态分析理论的主要内容
52		模态分析理论的主要工程应用有哪些？举例说明

续表

序号	AI 伴学内容	提示词
53	第 6 章 模态分析理论 及其工程应用	故障诊断的主要内容与实现途径
54		如何使用模态分析理论进行噪声控制?
55		研究结构动力学的目的与方法
56		模态分析实验方法如何与 AI 结合(2000 字)
57		根据工程实际,提出一项动力学研究方面的相关课题(2000 字)

参考文献

部绍明，刘海艳，李成，2023. 基于故障诊断的电涡流缓速器有限元模态分析及试验研究［J］. 建设机械技术与管理，36（1）：98－101.

曹树谦，张文德，萧龙翔，2001. 振动结构模态分析：理论、实验与应用［M］. 天津：天津大学出版社.

陈晓，2016. 基于 WSN 的建筑结构模态分析节能方法研究［D］. 合肥：合肥工业大学.

杜晓燕，刘岿，张洋，2006. 桥梁损伤检测中曲率模态分析研究［J］. 重庆交通学院学报，25（S1）：28－31.

高云凯，吕振华，李卓森，1996. 汽车动力总成弯曲振动实验模态分析中的非线性特性［J］. 吉林工业大学学报，26，（4）：6－10.

黄鹏，2006. 基于神经网络和模态分析的桥梁损伤识别［D］. 武汉：华中科技大学.

纪刚，张纬康，周其斗，等，2014. 圆柱壳的力辐射模态分析与噪声控制［J］. 海军工程大学学报，26（4）：83－87，91.

海伦，拉门兹，萨斯，2001. 模态分析理论与试验［M］. 白化同，郭继忠，译. 北京：北京理工大学出版社.

李恒斌，蒋炳炎，陈磊，等，2012. 可摘挂式抱索器动力学建模及模态分析［J］. 机械科学与技术，31（1）：96－100.

李家伟，陈积懋，2002. 无损检测手册［M］. 北京：机械工业出版社.

刘敬印，王剑苏，1996. 汽车排放的模态分析及模态质量计算［J］. 天津汽车（4）：29－31.

刘庆华，2014. 基于自适应滤波及模态分析的有源噪声控制方法研究［D］. 西安：西安电子科技大学.

龙永杰，2017. 基于深沟球轴承的故障诊断与模态分析［J］. 机械工程与自动化（4）：68－69，72.

彭涛，2007. 基于环境激励的大跨度桥梁模态分析与应用研究［D］. 长沙：长沙理工大学.

申岳进，王青华，孙成玲，等，2023. 模态分析在抽水蓄能机组振动故障诊断中的运用［J］. 水电站机电技术，46（8）：102－105.

沈春根，盛雪德，陈寒松，等，2010. 机械动力学结构模态分析实验的教学改革［J］. 实验科学与技术，8（4）：106－108.

王犇，华林，2011. 高速旋转状态下汽车弧齿锥齿轮的动力学模态分析［J］. 汽车工程，33（5）：447－451.

王德海，周以齐，燕同同，2018. 拖拉机驾驶室模态分析与耳旁噪声控制［J］. 噪声与振动控制，38（A1）：397－401.

王宗泽，代金洁，2016. 典型 3 层中空楼阁形式的仿古建筑模态分析［J］. 中国科技论文，11（1）：96－99.

熊诗波，黄长艺，2006. 机械工程测试技术基础［M］. 3 版. 北京：机械工业出版社.

张维锋，冯华，1996. 模态分析技术在汽车结构动态修改中的应用［J］. 西安公路交通大学学报，16（3）：91－96.

赵攀，2016. 模态分析法的高层建筑结构振动频率研究［J］. 科技视界（19）：200，248.